생명과학
교과서는
살아있다

생명과학 교과서는 살아있다

ⓒ 유영제 박태현 외, 2011. Printed in Seoul, Korea.

초판 1쇄 찍은날 2011년 2월 20일 | **초판 15쇄 펴낸날** 2025년 9월 5일

지은이 유영제·박태현 외 | **펴낸이** 한성봉
편집 서영주·박상준 | **삽화** 유현호 | **디자인** 이근호 | **마케팅** 오주형 | **경영지원** 국지연
펴낸곳 도서출판 동아시아 | **등록** 1998년 3월 5일 제1998-000243호
주소 서울시 중구 필동로8길 73 [예장동 1-42] 동아시아빌딩
페이스북 www.facebook.com/dongasiabooks | **전자우편** dongasiabook@naver.com
블로그 blog.naver.com/dongasiabook | **인스타그램** www.instagram.com/dongasiabook
전화 02) 757-9724, 5 | **팩스** 02) 757-9726

ISBN 978-89-6262-032-0   03500

잘못된 책은 구입하신 서점에서 바꿔드립니다.
값 14,000원

생명과학 교과서는 살아있다

유영제 · 박태현 외 지음

>>> 여는 글

생물과 생물공학 사이

생물(생명과학)이 좀 더 재미있으면 좋겠다. 생물을 깊이 있게 공부할 수 있으면 좋겠다. 그리고 우리 생활과 산업에 응용되는 공학적인 면을 생각할 수 있으면 좋겠다. 이러한 바람을 가지고 생물 교과서와 연계시켜 생물공학 이야기를 해보자는 생각에 이 책을 쓰게 되었다.

세계 최고 수준의 공과 대학이라고 하는 미국 MIT에서는 오래전부터 학생들에게 꼭 생물학을 공부하도록 하고 있다. 전자공학, 기계공학, 재료공학, 화학공학 등 모든 공학 분야가 생물공학과 접목되어 있고, 미래 핵심 기술인 생물공학의 기초가 바로 생물학이기 때문이다. 반면에 우리나라의 경우에는 겨우 최근에 들어서야 공과 대학생들을 대상으로 공학생물 또는 생물학 강의가 이루어지고 있다.

수년 전부터 생물학 강의를 해오고 있지만, 강의를 하면서 가장 많이 느끼는 것은 많은 학생들이 생물을 암기 과목으로 생각하고 있다는 점이다. 생물은 단순히 암기하는 과목이 아니라 생각하는 과목이다. 학기가 끝날 무렵 학생들에게 생물을 다른 눈으로 보게 되었다는 이야기를 듣는 것만큼 보람된 일은 없었다. 그러면서 많은 청소년들이 생물을 실생활과 연관시켜, 또는 학교에서 배우는 생물이 산업적으로 어떻게 응용되고 실생활에 어떤 도움을 주는지 이해하고 공부한다면 얼마나 좋을까 생각하게 되었다. 줄줄이 외어야 하는 지겨운 생물 공부가 재미있어지고 생물공학과 연관된 물건들로 가득한 우리 일상도 조금은 달라 보이지 않겠는가.

두말할 필요 없이 21세기는 바이오테크놀로지(biotechnology, 생물공학 또는 생명공학)의 시대이다. 질병 없는 사회, 먹을거리 걱정이 없는 사회 그리고 친환경적으로 에너지와 소재를 얻을 수 있는 사회를 이루는 것은 우리가 풀어야 할 중요한 숙제 가운데 하나다. 질병 없는 사회를 이루기 위해 새로운 단백질 의약품, 항체 치료제, 세포 치료제 등이 소개되고 있는 것은 모두 생물공학 기술 덕분이다. 또 먹을거리 걱정을 없애고 안전한 먹을거리를 얻기 위해 농수산물 생산 증가, 친환경 비료 등이 도입되고 있고, 생물공학 기술을 통해 새로운 에너지·소재를 얻는 친환경적인 방법이 연구되고 있다. 이렇게 보면 21세기를 선도해 나갈 기술 가운데 생물공학 기술만큼 중요한 것은 없다. 우리는 생물공학 기술을 발전시켜 인류 사회에 기여해야 할 뿐 아니라 국가 발전에도 연결시켜야 한다. 또 이러한 새로운 기회와 성장 동력을 이용해 우리나라가 21세기 세계무대에서 발전하고 번영하기 위해서는 우수한 인재가 생물공학 분야에 많이 진출해야만 한다. 그 인재는 무엇보다 생물을 좋아해야 하고 또 창의적으로 생각할 수 있는 능력이 있어야 한다.

생물학이란 한마디로 말하면 자연의 생명 현상을 탐구하는 학문이다. 자연현상이 왜, 그리고 어떻게 일어나는지를 밝히는 것이다. 그럼, 생물공학이란 무엇일까? 생물공학은 생물에 대한 지식을 우리 인류를 위하여 응용하는 학문이다. 질병 퇴치를 위하여, 좋은 먹을거리를 위하여, 새로운 에너지와 소재를 위하여 어떻게 응용하면 좋은지 연구하고 활용하는 일이다. 그 결과로 새로운 산업이 창출되고 국가의 경제적 부가 쌓이게 되는 것이다. 생물의 지적 재산을 어떻게 공학으로 잘 응용하느냐가 앞으로 21세기 각 나라의 발전을 좌우한다고 해도 과언이 아니다. 그러면 생명공학은 구체적으로 어떤 역할을 할까?

세 가지 색깔의 바이오테크놀로지

현재 연구되는 생물공학은 크게 세 가지로 나눌 수 있다. 그 이름을 붙인 것은 유럽 사람들인데, 색에 대한 감각이 특출한 듯하다. 의약품은 적십자를 상징하는 붉은색(red), 식량과 식품에는 푸른 초원을 나타내는 초록색(green), 그리고 최근 발전하기 시작한, 산업에 활용되는 BT에는 공해가 없음을 상징적으로 나타내는 흰색(white)이 사용된다. 그래서 의료 바이오테크놀로지를 '레드 BT', 농업 바이오테크놀로지를 '그린 BT' 그리고 산업 바이오테크놀로지를 '화이트 BT'라고 일컫는다.

먼저 레드 BT의 경우를 살펴보자. 1973년 유전자재조합 기술이 소개된 이후, 수많은 벤처 회사들이 새로운 기술을 실용화하는 데 앞장섰다. 그 결과로 제넨테크(Genentech), 암젠(Amgen)과 같은 회사가 설립되어 인슐린, 인간성장호르몬, 인터페론 등의 단백질 치료제를 개발하는 데 기여하였다. 암젠은 EPO(에리스로포이에틴, erythropoietin)라는 빈혈 치료제를 포함하여 연간 20조 원 정도의 매출을 올리는 세계적 기업으로 성장하였다. 당뇨병 환자를 치료하는 데 사용되는 인슐린은 종전에는 돼지의 췌장에서 추출하였기 때문에 만들 수 있는 인슐린의 양도 제한되었고 가격도 비싸 가난한 이들은 혜택을 보기가 어려웠다. 하지만 유전자 재조합 기술의 개발로 이제는 대장균에 인슐린을 생산할 수 있는 유전자를 넣어 생산할 수 있게 됨에 따라 필요한 양만큼 생산 가능하고, 가격도 저렴하게 된 것이다. 이렇게 새로운 기술의 개발은 치료제를 개발하여 아픈 이들을 치료하는 데 기여할 뿐 아니라 기업을 탄생시키고 많은 이들에게 일자리를 제공하여 국가의 경제 발전에도 기여한다.

그 이후 단백질 치료제는 물론, 줄기세포를 이용한 치료 기술, 인공 장기, 인공 피부 등의 조직공학 제품, 병원에 가지 않고도 언제 어디서든 진단과 치료가 가능한 유비쿼터스 의료 기술의 개발이 진행되고 있다. 앞으로 몇 년 후면 100만 원 정도로 개인의 유전자를 분석하는 기술이 개발될 것으로 전망되고 있다. 이렇게 될 경우 개인의 유전 특성을 고려한 맞춤 의약 시대가 열릴 것이며 유전 특성을 고려한 성격 교정, 교육 방법 개발, 신입사원 선발 등 지금과는 전혀 다른 사회로 변화될 것이다.

둘째는 그린 BT이다. 지금도 아프리카 등에서는 아이들이 먹을 것이 없어서 고생하거나 심지어는 죽는 경우가 자주 있다. 세계 인구는 계속 증가하고 있다. 굶어죽는 사람이 없으려면 증가하는 인구수만큼 식량 생산량도 늘어나야 한다. 또한 척박한 토양이나 열악한 자연환경에서도 농작물이 잘 자라게 하고, 농약을 안 쓰고도 농작물이 잘 자라게 하는 것은 농업에 종사하는 이들의 꿈이다. 이러한 꿈을 현실로 만들어준 것이 바로 생물공학 기술이다.

오래전에는 화학적으로 암모니아를 합성하고 이를 이용하여 비료를 만들었다. 그리고 화학적으로 제초제 등의 농약을 만들어 농업에 사용함으로써 농업 생산성을 획기적으로 증가시켜 세계 식량 생산과 농업 발전에 크게 기여하였다. 하지만 세월이 지남에 따라, 과대한 비료와 농약 사용에 따른 토양의 산성화 그리고 식품에 남아 있는 농약 잔류물 등이 다시 우리에게 해가 되고 있다는 것을 알게 되었다. 이럴 때 생명공학 기술이 새로운 대안을 제시해준 것이다. 물론 유전자변형농산물(GMO, Genetically Modified Organism)이 장기적으로 환경과 인체에 어떤 해를 입힐지는 아직 모른다. 그 해답을 얻는 것 역시 생물공학자들의 몫이 될 것이다.

셋째는 화이트 BT이다. 우리 인류에게 필요한 것 중의 하나가 바로 에너지와 소재이다. 용어가 다소 딱딱하지만, 우리가 사용하는 모든 물품의 재료가 되는 것이 소재이고, 그 동력을 제공하는 것이 에너지라고 보면 된다. 현재는 주로 석유에서 에너지와 소재를 얻고 있다. 하지만 석유에서 만들어지는 가솔린, 디젤 등의 에너지를 사용할 때 이산화탄소가 배출된다. 석유화학 제품을 만드는 과정에서 그리고 사용 후에도 결국 이산화탄소가 배출되는데, 이 이산화탄소는 지구온난화의 주원인이기도 하다. 또 석유의 수요가 공급량을 이미 앞서기 시작하여 석유 값은 계속 올라가고 있고, 언젠가는 고갈될 것이므로 이에 대한 대안이 시급하다.

그래서 등장한 것이 식물자원(biomass)으로 에너지와 소재를 만드는 것이다. 식물은 대기 중의 이산화탄소를 광합성을 통해 고정화한 것이기 때문에, 식물로부터 에너지를 얻고 연소시킬 때 이산화탄소가 배출되더라도 지구 전체적으로는 이산화탄소가 배출되는 양을 무시할 수 있다. 따라서 우리에게 필요한 에너지와 소재를 모두 공급할 수는 없다 하더라도 상당 부분 대체할 수 있다면 지구의 미래를 생각할 때 매우 의미가 있는 기술이다.

생명공학은
인류의 생존과 직결되는 기술

IT가 컴퓨터, 통신 기술 등을 통해 인류에게 편리함을 제공하였다면, BT는 질병의 예방과 치료, 식량과 다양한 먹을거리를 제공하고 에너지와 소재를 제공하는 데 기본이 되는, 인류의 생존과도 직결되는 기술이다. 21세기 우리 인류가 당면한 과제는 질병에서 해방되어 건강하게 사는 것, 먹을거리 걱정 없이 사는 것, 지구의 환경과 에너지 문제를 해결하는 것 등이다. 환경과 에너지 문제에 관한 해답도 BT에서 찾을 수 있다. 하지만 BT 기술의 개발은 생물학, 생물공학, 의학, 약학 등 많은 분야에서 연구와 협력이 이루어져야만 가능하다. 우리나라가 BT 분야에서 세계 최고 수준이 되어 국가 발전과 세계 인류에 기여할 수 있도록 많은 청소년들이 큰 꿈을 갖고 이에 도전해보길 기대한다. 일반인들도 생물을 우리 일상생활과 관련 있는 것으로, 생물공학을 우리 미래와 연결되는 것으로 이해할 수 있다면 우리나라가 BT 강국이 될 수 있을 것이다.

생물공학 이야기를 쉽고 재미있게 전달해보자는 바람에서 여러 교수들이 뜻을 모았지만, 막상 글을 써보니 생각만큼 쉽지는 않았다. 어떤 부분은 재미있게 풀어 썼지만, 어떤 부분은 공학적으로 어떻게 응용되는지 설명하는 데 중점을 두다 보니 조금 딱딱하게 느껴지기도 한다. 아무쪼록 이 책이 많은 사람들이 생명과학과 생명공학을 이해하는 데, 그리고 생명공학의 꿈을 갖는 데 조금이나마 도움이 된다면 더 바랄 것이 없겠다.

저자들을 대표하여

유영제

 차례

여는 글 : 생물과 생물공학 사이 4

제1장 놀라운 생명의 세계

생명체는 조용히 살고 싶다? 17
조용한 세포의 혁명 27
쫓고 쫓기는 생물의 세계 35
바이러스, 인류의 피할 수 없는 적 43
JUMP IN LIFE 효소공학 이야기 50

제2장 생물과 에너지

세상에서 가장 오래된 에너지 공장 57
바이오에너지, 식물에서 에너지를 만들다 67
고분자화합물, 생물의 에너지 축적을 이용하다 77
JUMP IN LIFE 단것을 먹어도 살이 찌지 않는 법 82
섬유소 분해의 비밀 85
야구르트는 식품일까, 약일까? 91
배설의 즐거움과 괴로움 99
호흡과 발효와 부패는 같다? 109
JUMP IN LIFE 산에 올라가면 숨이 찬 이유 115

제3장 의학과 생물공학의 만남

인공 시각과 인공 청각 123
신비에 싸인 감각, 후각 131
뇌를 이해하다 139
신장 없이도 살 수 있을까? 147
인공혈액으로 생명을 구하다 153
JUMP IN LIFE 선탠의 과학 160

제4장 유전과 생명의 연속성

염색체로 남자와 여자를 구분한다? 169
정자은행, 난자은행 177
줄기세포와 생명 윤리 183
제한효소, 유전공학 기술의 탄생 193
JUMP IN LIFE 항체, 진단과 치료의 팔방미인 200
RNA 넥타이 클럽 : DNA에서 RNA로, RNA에서 단백질로 205
DNA 지문, 범죄 수사의 과학 213
JUMP IN LIFE 유전자 결함의 빛과 그림자 219

제5장 생물의 다양성과 환경

생물 자원과 인류의 생활 227
JUMP IN LIFE 페니실린 이야기 235
자연에서 아이디어를 줍다 239
도마뱀의 침이 당뇨병을 삼키다 245
바다에서 새로운 물질을 얻다 253
생물 다양성을 지키는 길 261

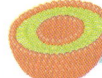

제6장 새로운 세기의 생명공학

인류의 꿈과 미래의 치료 기술 275
바이오칩의 세계 283
불멸의 과학, 생체조직공학 291
JUMP IN LIFE 우주에서 살아남는 방법 297

생명과학 주제별 교과 연계 내용

■ 생물 I

주제	고등학교 교과 내용	이 책의 내용
생명현상의 특성	물질대사, 항상성, 생식과 유전, 발생과 생장 등	- 생명체는 조용히 살고 싶다? - 조용한 세포의 혁명 - 바이러스, 인류의 피할 수 없는 적 - 효소공학 이야기 - 세상에서 가장 오래된 에너지 공장 - 바이오에너지, 식물에서 에너지를 만들다 - 페니실린 이야기 - 우주에서 살아남는 방법
영양소와 소화	주영양소, 부영양소, 영양과 건강, 소화계의 구조, 영양소의 소화, 소화된 양분의 흡수와 이동, 간의 기능, 음주와 건강	- 쫓고 쫓기는 생물의 세계 - 고분자화합물, 생물의 에너지 축적을 이용하다 - 단것을 먹어도 살찌지 않는 법 - 야쿠르트는 식품일까, 약일까?
순환	순환계의 구조, 혈액의 조성과 기능, 조직액, 림프, 혈액의 순환, 림프의 순환, 고혈압, 면역체계 (조사/토의 사항: 심장병, 동맥경화 등 순환기 장애의 원인과 인체의 면역 체계)	- 인공혈액으로 생명을 구하다 - 도마뱀의 침이 당뇨병을 삼키다 - 항체, 진단과 치료의 팔방미인
호흡	호흡계의 구조, 호흡 운동, 흡연과 건강, 가스교환과 운반, 세포호흡과 에너지	- 호흡과 발효와 부패는 같다? - 산에 올라가면 숨이 찬 이유
배설	배설계의 구조, 오줌의 생성, 땀의 생성	- 배설의 즐거움과 괴로움 - 신장 없이도 살 수 있을까?
자극과 반응	감각기관, 신경계, 약물 오·남용과 건강, 호르몬에 의한 조절, 항상성	- 인공 시각과 인공 청각 - 신비에 싸인 감각, 후각 - 뇌를 이해하다 - 선탠의 과학
생식과 발생	생식기관, 생식 세포의 형성, 생식주기, 사람의 발생, 피임	- 염색체로 남자와 여자를 구분한다? - 정자은행, 난자은행 - 줄기세포와 생명윤리
유전	염색체, 유전자, 사람의 유전 형질, 돌연변이	- 제한효소, 유전공학 기술의 탄생 - RNA 넥타이 클럽 - DNA 지문, 범죄 수사의 과학 - 유전자 결함의 빛과 그림자
생명과학과 인간의 생활	생태계에서의 인간의 위치, 생물 자원의 이용, 환경오염, 자연보존, 생물학이 인간에게 미치는 영향, 생물학과 인간의 미래	- 생물 자원과 인류의 생활 - 자연에서 아이디어를 줍다 - 바다에서 새로운 물질을 얻다 - 생물 다양성을 지키는 길 - 바이오칩의 세계 - 불멸의 과학, 생체조직공학

■ 생물 II

주제	고등학교 교과 내용	이 책의 내용
세포의 특성	핵, 세포질, 세포막, 확산, 삼투압, 능동 수송, 효소의 구조와 특이성	– 생명체는 조용히 살고 싶다? – 조용한 세포의 혁명 – 효소공학 이야기 – 항체, 진단과 치료의 팔방미인 – 페니실린 이야기
물질대사	엽록체의 구조, 광합성에 영향을 미치는 요인, 명반응, 암반응, 해당 과정, 발효, TCA 회로, 전자 전달계	– 쫓고 쫓기는 생물의 세계 – 세상에서 가장 오래된 에너지 공장 – 바이오에너지, 식물에서 에너지를 만들다 – 우주에서 살아남는 방법
생명의 연속성	세포 분열, 세포 주기, 연관, 교차, 핵산의 성분, DNA의 구조, 자기 복제, 유전 정보와 전달, 단백질의 합성, 유전자 발현의 조절, 유기물의 생성, 원시 세포의 생성, 진화의 증거, 진화론	– 염색체로 남자와 여자를 구분한다? – RNA 넥타이 클럽 – DNA 지문, 범죄 수사의 과학 – 유전자 결함의 빛과 그림자 – 바이오칩의 세계 – 불멸의 과학, 생체조직공학
생물의 다양성과 환경	종의 개념, 분류의 단계, 학명, 계통수, 분류의 기준, 종류, 생물적 환경, 무생물적 환경, 물질의 순환, 생태계의 평형과 파괴	– 생물 자원과 인류의 생활 – 자연에서 아이디어를 줍다 – 도마뱀의 침이 당뇨병을 삼키다 – 바다에서 새로운 물질을 얻다 – 생물다양성을 지키는 길
생물학과 인간의 미래	생명공학의 기술과 이용, 생명공학의 문제점, 생명과학의 과제	– 줄기세포와 생명 윤리 – 인류의 꿈과 미래의 치료 기술

제 1 장

놀라운 생물의 세계

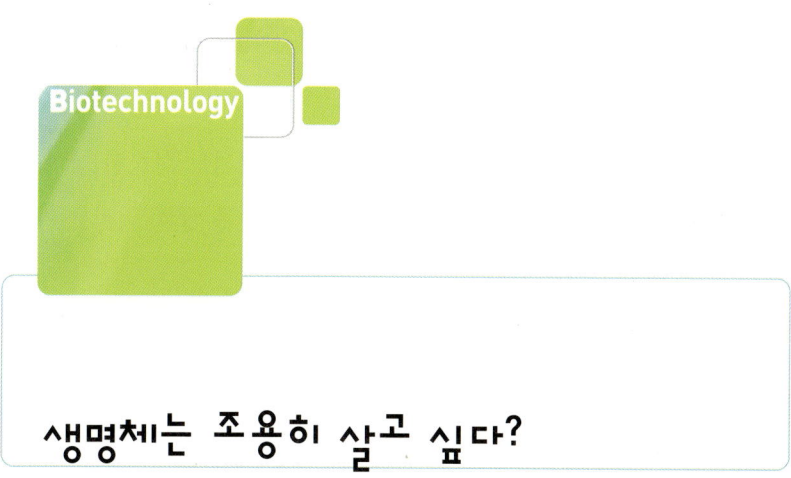

생명체는 조용히 살고 싶다?

📖 생물체의 항상성

구연산, 무엇을 하는 물건인고?

우리나라 약국에서 제일 잘 팔리는 것은 무엇일까? 감기약, 진통제? 놀랍게도 '박카스'다. 박카스는 아주 오래전부터 대표적인 청량음료수로 엄청나게 팔려왔다. 박카스가 국내 약국에서 많이 팔리는 것이라면, 전 세계적으로, 슈퍼마켓에서든 구멍가게에서든, 가장 잘 팔리는 음료수는 무엇일까? 답은 쉽다. 바로 콜라다. 물론 코카콜라와 펩시가 다투기는 하지만 이런 유의 음료수는 모든 이가 즐긴다. 박카스나 콜라, 이렇게 잘나가는 음료수의 공통점은 무엇일까? 글쎄, 사람마다 다르겠지만 마셨을 때 약간 신 듯한, 그러면서도 상큼한 맛이 나는 것 아닐까? 설탕 맛도 아니고 꿀맛도 아닌, 혀를 살짝 스치고 가는 푸르른 맛. 이 맛은 어디에서 오는 것일까?

콜라나 박카스 안에 들어 있는 성분 중에는 구연산(시트르산)이라는 물질이 있다. 약간 시큼한 이 물질은 감귤, 매실 등에 많이 들어 있는 유기산으로 실제로 피로 회복 등에 도움이 된다. 이 구연산은 박카스 이외에도 우리가 마시는 음료수 대부분에 포함되어 있을뿐더러 알게 모르게 다른 곳에도 많이 쓰인다.

어느 남자 고등학생이 여드름 때문에 고민하다가 어디선가 구연산을 얼굴에 바르면 좋다는 애길 듣고 한 달 동안 사용했다고 한다. 그는 어떻게 됐을까? 그 고등학생은 한 달 뒤 깔끔한 얼굴로 나타나 주위 친구들을 놀라게 했다. 이것은 구연산이 약산이기 때문에 피부껍질이 약간 벗겨지면서 여드름이 흘러 나와서 치료되는 원리이다. 실제로 피부과에서는 이런 유기산, 주로 과일산을 사용하여 피부를 벗겨내는 피부박피술을 하기도 한다. 하지만 그 고등학생, 운이 좋았다. 산의 농도가 조금만 높았더라도 하마터면 얼굴이 벌게져서 몇 주간은 고생할 뻔했으니 말이다. 여하튼 구연산은 실로 많은 곳에 사용되고 있다.

> **유기산(organic acid)**
> 산성을 띠는 유기화합물을 통틀어 말한다. 카복시기와 설폰기가 들어 있는 유기화합물이 대표적이다. 아세트산·뷰티르산·팔미트산·옥살산·타르타르산 등이 있지만, 대부분이 카복실산이므로 좁게는 카복실산을 가리킨다. 일반적으로 무기산보다 약하지만, 설폰산·설핀산·페놀 등과 같이 강한 산도 있다.

곰팡이가 구연산을 만든다

전 세계에서 사용되는 구연산은 약 170만 톤이나 된다. 하기야 우리가 매일 마셔대는 청량음료만도 한 사람당 하루 한 캔 이상이라고 하니 박카스를 포함해 음료 내에 포함된 구연산의 양은 생각만 해도 엄청나다. 문제는 이것을 어디에서 어떻게 만드느냐는 것이다.

물론 과일에서 추출해낼 수는 있다. 과일 한 알에는 구연산이 대략 8%가 포함되어 있으니, 간단히 계산해도 2,100만 톤 이상의 과일이 필요하다. 이 많은 과일을 구하기도 힘들지만, 설사 구해서 과일에서 추출해낸다 해도 값이 엄청 비싸질 것이고 우리가 박카스를 천 원 미만의 돈으로 살 수도 없을 것이다. 실제로 세계에서 소비되는 구연산의 절반 이상은 놀랍게도 중국에서 생산되고 있다. 중국에서 그렇게 많은 과일이 나는 것도 아닐 텐데, 그들은 도대체 무엇으로 구연산을 만드는 것일까?

정답은 곰팡이다. 정확히는 아스페르질루스(Aspergilus)라는 유익한 곰팡이균이다.

여름철 습기가 가득한 집안의 벽지에 검게 피어오르던

곰팡이(filamentous fungi)

균류 중에서 진균류에 속하는 미생물. 보통 본체가 실처럼 길고 가는 모양의 균사로 되어 있는 사상균을 가리킨다. 곰팡이의 종류는 적어도 4만 종이 훨씬 넘을 것으로 추정되는데, 게다가 매년 1,000~2,000여 종의 새로운 곰팡이들이 보고되고 있다. 하등 균류 전부, 자낭균류, 깜부기병균이나 녹병균 같은 담자균류가 여기에 속한다. 곰팡이는 토양, 물 속 등 거의 모든 곳에 분포하고 때로는 살아 있는 생물에 기생하기도 한다. 흔히 주서식처와 포자가 내는 독특한 색깔에 따라 이름 붙이기도 하는데, 빵곰팡이·물곰팡이·푸른곰팡이·검정곰팡이·흰곰팡이 등이 그 예다. 오래전부터 술·된장 등 발효 식품에 널리 쓰였으며, 유기산·효소·항생제 등 대사산물들이 공업적으로 생산·이용되어왔다.

곰팡이, 혹은 먹다 남은 빵 쪼가리에 실타래처럼 달라붙은 곰팡이, 한여름 근질근질한 발가락 사이로 물집이 잡히게 하면서 우리를 괴롭히는 무좀 곰팡이. 곰팡이는 우리에게 그리 기분 좋은 존재가 아니다.

하지만 우리의 전통주인 동동주는 누룩이라는 곰팡이를 이용하여 만든다. 발효식품 대부분이 이런 곰팡이 또는 효모 등의 미생물, 즉 작은 생물체를 이용한다. 우리 주변에는 이런 미생물을 이용하여 만든 것들이 꽤나 많다. 김치, 페니실린 항생제, 맥주 등등. 하지만 우리는 이런 사실을 듣고는 고개를 갸우뚱한다. 왜 곰팡이는 하필 구연산을 만들까? 곰팡이도 '박카스'를 좋아하는 것일까? 아니면 청량음료 없이는 단 하루도 못 사는 우리처럼 하루 한 캔의 음료수가 필요한 것일까?

곰팡이는 구연산을 만들고 싶어하지 않는다?

미생물도 하나의 생물체이다. 그리고 생물체는 자기 스스로 조절하는 기능, 이른바 항상성을 가지고 있다. 기온이 올라가면 인간이 땀을 흘려서 몸의 온도를 유지하듯 미생물도 자기 스스로 조절하는 기능이 있다.

곰팡이에게 구연산은 조금, 그것도 다른 물질의 중간 단계로서 잠시 필요할 뿐이다. 더 정확히는 구연산 회로 또는 TCA 회로의 한 중간물질로서 구연산 → 이소구연산 → 케토글루탐산 등으로 변하면서 TCA 회로를 돌게 된다. 물론 이 곰팡이는 이 회로에서 에너지와 중간

> **TCA 회로**
> 동식물체의 미토콘드리아 내에서 일어나는 에너지 생성을 위한 화학적 순환 과정.

생성물을 생산하는 역할을 하지만 구연산을 많이 생산하지는 않는다. 왜냐면 곰팡이가 성장하는 데는 구연산이 그렇게 많이 필요하지는 않기 때문이다.

필요한 것은 필요량만큼만 만든다. 이게 생물체의 기본이다. 물질 생산에서도 항상성이 적용된다고 할 수 있다. 곰팡이는 그런 의미에서 사람들보다도 알차게 세상을 살아간다. 결코 낭비하는 일이 없다. 그럼 사람들은 어떻게 곰팡이를 이용해 구연산을 만들까?

원리는 의외로 간단하다. 구연산에서 이소구연산으로 넘어가는 데에는 효소, 즉 일꾼이 필요한데(이소구연산 탈수소효소) 이 효소를 억제하면 된다. 억제하는 방법은 이 효소에 영향을 주는 물질이나 조건 등을 만들어주는 것이다. 실제로 곰팡이를 액체 상태에서 배양하면서 질소 농도를 높게 유지해주면 이 효소가 억제되어서 구연산이 다음 단계로 가지 못하고 넘쳐흐르면서 세포 밖으로 나오게 된다. 얄밉게도 사람은 미생물이 세포 밖으로 내놓은 구연산을 거두기만 하면 된다.

곰팡이의 입장에서 보면 이처럼 고약한 일이 따로 없다. 곰팡이 자신은 원치 않는데 사람들이 괴롭혀서 억지로 구연산을 만들도록 하니 말이다. 그래서 일부 학자들은 미생물을 공학적으로 이용하는 학문을 '미생물공학'이란 말 대신 '미생물 고문학'이라고 우스갯소리를 한다.

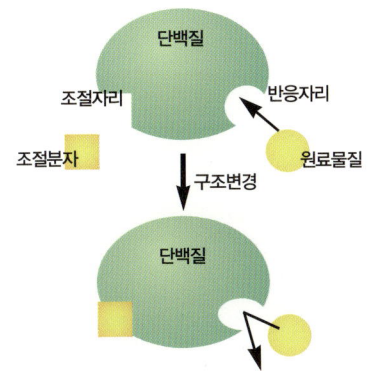

조절가능효소
생산물이 너무 많아지면(네모 부분) 다른 자리 입체성 효소(allosteric enzyme)가 효소에 달라붙어 생산 반응을 방해한다. 그러므로 일정량이 늘 유지될 수 있다.

생명체의 비밀, 항상성

아주 작은 미생물인 곰팡이도 자기 스스로 조절한다는 사실은 매우 놀랍다. 이렇게 조절을 해주는 주요 역할 물질은 '효소(enzyme)'이다. 구연산의 경우와는 달리 아미노산, 예를 들어 동물들의 사료에 많이 첨가되는 트립토판의 경우에도 미생물은 아주 정교하게, 필요량만큼 만드는데 그 핵심은 효소이다. 효소는 잘 만들어진 초정밀 기계라고 할 수 있다. 즉 생산품이 많으면 이 생산품이 효소에 달라붙는다. 그러면 기계가 작동을 하지 못한다. 생산품이 부족하면 이것이 떨어지면서 기계가 다시 작동하여 생산품을 만든다. 오묘한 자동제어장치이다. 이런 정교한 기능이 항상성의 중심에 있다.

작은 미생물의 효소 말고도, 고등생물의 경우에는 효소 이외에 호르몬, 신호전달물질 등이 생물체의 기능을 늘 일정하게 유지하게 한다. 눈에 잘 보이지도 않는 미생물인 곰팡이가 이럴 정도인데 사람의 경우는 상상을 초월한다. 예를 들면 몸의 온도를 일정하게 유지하는 장치는 세 단계, 네 단계 이상으로 복잡하면서도 아주 정교하다. 심지

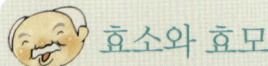
효소와 효모

물질대사 과정에서 일어나는 생화학 반응을 촉매하는 단백질을 말한다. 효소는 생명체에 꼭 필요한 것으로서 동식물·미생물에서 복잡하게 통합되어 일어나는 화학반응의 대부분을 조절한다. 또 산업과 의학에서 매우 유용하게 사용되는데, 포도주의 발효, 효모에 의한 빵의 발효, 치즈의 응고, 맥주의 양조 방법 등은 훨씬 전에 알려졌지만 19세기까지 이들 반응이 효소의 촉매작용에 의한 것임을 알지 못했다. 그후 효소는 유기 화학반응을 포함하는 산업 과정에서 매우 중요하게 되었다. 의학 분야에서는 효소가 병원균의 살균이나 상처 치료의 촉진, 특정 질병의 진단에 이용된다. 모두 효소의 기질특이성 때문에 가능한 일인데, 한 가지 효소는 한 종류의 물질(기질)에만 작용하도록 되어 있다.

효소(enzyme)는 단백질로 구성된 생체 반응의 촉매이고, 효모(yeast)는 미생물로서 생명체이다. 효소는 생명체 내에 존재하면서 생명체가 살아가는 데 필수적인 대사 과정의 촉매 역할을 담당한다. 효소는 소화를 담당하는 역할 이외에도 근육을 움직이고 세포 성장에 관여하며 간에서 해독작용을 담당하는 등 인체의 수많은 기능이 효소에 의해 일어난다. 공학적으로 이러한 효소를 생명체 내에서 분리해내어 사용하고 있는데, 흔히 찾아볼 수 있는 것이 효소 세제로, 잘 빠지지 않는 때를 특정 효소를 이용해 분해한다. 분리된 효소를 이용해 의약품이나 화학물질을 합성할 수도 있다.

효모는 흔히 이스트라고 불리는데, 특정 조건에서 발효를 진행시키므로 맥주 등의 술을 담글 때나 빵을 만들 때 사용한다. 발효 과정으로 인류와 친숙한 효모의 종명은 사카로미세스 세레비지에(*Saccharomyces cerevisiae*)이다.

어 피부에 붙어 있는 아주 작은 털도 피부의 온도에 따라서 아주 미세한 근육세포에 신호를 보내어 움직인다. 몸이 더우면 털을 세워 바람이 통하도록 해서 시원하게 하고, 또 피부의 온도가 조금이라도 내려가면 털을 눕혀서 보온을 한다. 생물체는 우리들의 상상 이상으로 정교한, 아직도 완전히 밝혀지지 않은 신의 창조물인 것이다.

다시 곰팡이로 돌아가 보자. 이때 생명공학자들이 하는 일은 생산품과 유사한 물질을 생물체에 공급하여 진짜 생산품이 효소에 달라붙지 못하게 하는 것이다. 그러면 생산품이 많이 만들어진다. 효소 자체를 변형시켜, 생산품이 많아도 달라붙지 않는 효소를 만들면 그 생물체는 계속 생산물을 만들게 된다. 다시 말하면 정교한 항상성 유지 장치를 거꾸로 이용하여 인간에게 유익한 물질을 만들게 하는 것이 생물을 이용한 공학, 즉 생명공학의 한 예라고 할 수 있다.

곰팡이의 입장에서는 별로 기분 좋은 일이 아니라고 말하는 사람이 있을지도 모르겠다. 하지만 그는 '다른 사람을 도와주는 것은 스스로를 기쁘게 만드는 일이다'는 단순한 진리를 모르는 것이다. 신은 만물을 창조할 때 서로 돕게 만들었다.

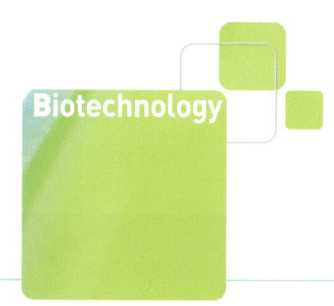

조용한 세포의 혁명

📖 세포의 특성, 물질대사

옹기는 삼국시대부터 우리 민족이 이용해온 매우 과학적인 저장 용기다.

우리 조상들은 수천 년 전부터 술을 빚고 된장 등과 같은 발효 음식을 만들어왔다. 술을 빚기에 적당한 온도를 맞추기 위하여 아랫목과 윗목을 번갈아가며 술항아리를 옮겼으며 옹기로 만든 독에 장을 담금으로써 제대로 된 장맛을 얻고자 했다. 다만 이러한 행동이 미생물 배양에 적당한 온도와 산소 전달을 유지하기 위한 행동이었다는 사실을

놀라운 생명의 세계

27

그 당시에는 인식하지 못했을 뿐이다.

일반적으로 전통적인 방법으로 만든 발효 음식에는 여러 종류의 미생물들이 발견되며, 지역 및 기후 조건에 따라 발견되는 미생물의 종류와 분포가 조금씩 다르다. 따라서 같은 원료를 사용하여도 맛이 조금씩 다를 수밖에 없는 것이다. 이와 비교한다면, 세포 배양 기술이란 유용 물질의 생산을 최대로 하기 위하여 특정 세포만을 인공적으로 만든 환경에서 배양하는 기술이라 할 수 있다.

세포 배양 기술의 탄생

우유나 고깃국을 공기 중에 오랫동안 방치하면 그 속에서 미생물들이 자라 부패하는 현상을 경험한 적이 있을 것이다. 실제로 약 300년 전 네덜란드의 과학자 레이우엔훅(Anton van Leeuwenhoek, 1632~1723)이 스스로 갈아 만든 현미경을 이용하여 단세포 생물들을 관찰하기 전까지는 미생물이란 개념조차 세상에 제대로 정립되지 못

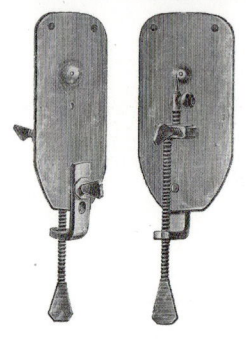

미생물학자 안토니 판 레이우엔훅
세균과 원생동물을 최초로 관찰했다. 레벤후크는 일생 동안 400개 이상의 렌즈를 만들었는데, 대부분이 바늘구멍만 한 작은 것으로 보통 2개의 얇은 놋쇠판 사이에 놓여 고정되어 있다. 렌즈 중 큰 것은 왕립학회에 남겨졌는데 배율이 50~300배 사이의 것들이다. 세균과 같이 작은 사물을 관찰하려면 렌즈의 효율을 높이기 위해 간접조명이나 다른 기술이 필요했는데, 그는 그 방법을 공개하지 않았다.

> **광학 이성질체**
> 분자 모양이 거울 대칭이 되는 분자

했다. 따라서 그 시대 사람들은 음식물이 부패하는 것이 미생물 때문이라는 사실을 인식하지 못했다.

부패가 된 게 미생물 때문일 것이라는 학설이 발표된 이후에도 대부분의 사람들은 미생물이 우유나 고깃국 속에서 자연적으로 생성된다는 '자연발생설'을 믿었다. 이러한 믿음을 실험적으로 반증한 사람이 19세기 중엽 프랑스 과학자 파스퇴르(Louis Pasteur, 1822~1895)였다. 실제로 파스퇴르 박사는 이러한 발견 외에도 광학 이성질체의 발견, 백신의 개발 등 생화학 분야에 크게 공헌하였다. 그는 S자 모양으로 구부러진 플라스크 속에 고깃국을 넣고 공기 중의 티끌과의 접촉을 최소화시킴으로써 고깃국에서 발생하는 미생물이 자연적으로 생성되는 것이 아니라 공기 중에 존재하는 티끌에 붙어 있는 포자에 의해 증식하는 것이라는 '세균설'을 주장하였다. 파스퇴르는 그 후 가열살균법(현재도 이 방법을 '파스퇴라이제이션 Pasteurization'이라 일컫는다)에 의해 우유 등에 들어 있는 박테리아나 곰팡이를 죽이는 방법을 개발하였다. 이러한 연구는 특정 세포만을 인공적으로 제조된 환경에서 선택적으로 키워 인간에게 필요한 의약품, 식품

프랑스 과학자 루이 파스퇴르
부패가 일어나는 이유가 공기 중의 세균 때문임을 처음 증명했다.

등을 생산하는 세포 배양 기술의 뿌리가 되었다.

미생물 세포 배양의 원리

미생물이란 육안으로 식별할 수 없는 아주 작은 생명체를 말하며, 단세포 생명체인 세균이나 다세포라도 조직 분화가 일어나지 않는 곰팡이 등을 의미한다. 대체로 인간에게 필요한 의약품, 식품 등을 생산하는 목적으로 미생물을 배양하는데, 효모를 이용한 에탄올 생산과 곰팡이로부터의 항생제 생산이 대표적인 예라 할 수 있다. 최근에는 유전자 재조합 기술의 발달로 인간에게 필요한 단백질 유전자들을 대장균 등의 미생물 DNA에 삽입한 다음 미생물로부터 인간 단백질을 생산할 수 있는 방법이 개발되었다.

인슐린 생산을 예로 들 수 있다. 원래 사람의 인슐린은 해부용 시체의 이자 조직에서만 얻을 수 있었으나 이것으로는 병원에서 요구하는 양을 충당할 수 없기 때문에 종종 돼지나 소에서 추출한 인슐린을 당뇨병 환자에게 공급했다. 사람이 아닌 다른 동물로부터 추출한 인슐린은 아미노산 서열이 사람의 것과 완전히 똑같지는 않지만 사람의 인슐린과 같은 기능을 할 수 있다. 그러나 동물의 인슐린은 주입 받은 사람 중 일부가 알레르기 반응을 일으키는 단점이 있어 사용하는 데 한계가 있었다. 이러한 문제를 해결하기 위하여 유전공학자들은 사람의 인슐린에 대한 유전자 정보를 알아낸 다음, 인슐린 유전자를 세균의 DNA에 삽입하여 생산함으로써 사람의 인슐린과 아미노산 서열이 똑같은 인슐린을 대량으로 얻을 수 있었다.

　미생물 세포 배양의 장점으로 크게 세 가지를 들 수 있다. 첫째로 미생물 세포는 동물 세포나 식물 세포에 비하여 자라는 속도가 매우 빠르다. 실제로 대장균의 경우 세포 하나가 둘로 분화되는 데 필요한 시간이 최적 조건 아래에서 20~25분 정도인 데 비해, 동물 세포의 경우 수십 시간이 필요하다. 이러한 생장 속도의 차이는 바로 생산성의 차이와 직결된다고 할 수 있다. 둘째로 미생물 세포를 배양하는 데 필요한 먹이('배지'라고 한다)의 가격이 훨씬 저렴하다. 동물 세포를 배양하기 위해서는 일반적으로 각종 비타민이나 생장 인자 등을 공급해줄 수 있는 송아지 혈청(serum) 등을 배지 내에 반드시 첨가해야 하는데 (일부 무혈청 배지도 개발되었으나 적용하는 데 한계가 있다), 이러한 혈청 가격이 전체 배지 가격의 대부분을 차지한다. 셋째로 배양 조건이 까다롭지 않다는 점이다. 일반적으로 적당한 온도와 pH 그리고 충분한 양의 산소와 먹이가 공급될 경우 대부분의 미생물들은 잘 자라는 반면, 동물 세포나 식물 세포는 배양하기가 훨씬 까다롭다.

　이러한 장점에도 불구하고 미생물로부터 인간에게 필요한 단백질을 생산하는 데는 한계가 있다. 한계를 보이는 가장 큰 이유로는 아미노산 서열이 똑같다고 하더라도 똑같은 단백질이 아니라는 점이다. 즉, 단백질은 3차원적 구조의 차이와 당과 같은 다른 고분자 물질의 결합 여부에 따라 생체 내에서 활성 여부가 크게 변한다. 유전공학 기술의 발달로 인간 단백질과 똑같

배지
배양액. 식물이나 세균, 배양 세포 따위를 기르는 데 필요한 영양소가 들어 있는 액체를 말한다.

은 아미노산 서열을 갖는 단백질을 대장균에서 생산하는 것이 가능해졌다. 하지만 이를 인체에 투여했을 경우 3차원적 구조의 차이로 인해 당이 결합되지 않음으로써 단백질 의약품으로서 효과가 없어지거나 또는 심각한 부작용이 나타나는 경우가 대부분이다.

동물 세포 배양의 한계

이러한 한계점 때문에 의료용 치료 단백질의 경우 배양 조건의 어려움에도 불구하고 대부분 동물 세포를 이용하게 된다. 동물 세포 배양은 미생물이나 식물 세포 배양에 비해 까다로우며, 특히 다음 사항들을 고려해야 한다. 첫째, 대부분의 동물 세포는 특정 물질의 표면에 부착해서 생장하기 때문에 산소 전달에 어려움이 있다. 둘째, 동물 세포는 생장 속도가 미생물에 비해 매우 느리기 때문에 생산성이 낮고, 배양 도중 미생물에 의해 오염되기 쉽다. 셋째, 배양에 필요한 배지의 조성이 완전하게 알려져 있지 않고, 혈청과 같은 값비싼 성분이 필요하다. 넷째, 동물 세포는 섬세한 막(plasma membrane)으로 둘러싸여 있어서 전단력(shear force)에 약하므로 산소 공급을 목적으로 한 심한 교반을 피해야 한다. 마지막으로, 암세포와 같은 특별한 세포를 제외하면 동물에서 분리한 세포를 반복하여 배양하면 어느 순간 세포의 수명이 다

전단력
물체 안의 어떤 면에 크기가 같고 방향이 서로 반대가 되도록 면을 따라 평행되게 작용하는 힘

교반
물리적 또는 화학적 성질이 다른 2종 이상의 물질을 외부적인 기계 에너지를 사용하여 균일한 혼합 상태로 만드는 일

하여 사멸하는 경우가 많다.

식물 세포 배양의 장점

인간에게 필요한 유용 물질의 생산은 식물 세포뿐만 아니라 미생물, 동물 세포를 이용한 배양 공학 기술을 통해서도 달성될 수 있지만 식물 세포 배양 기술은 이들과 대별되는 뚜렷한 장점을 지니고 있다. 항암제, AIDS 등의 치료제로 사용되는, 식물에서 유래한 대부분의 유용 물질들은 다단계의 생합성 경로를 거쳐 복잡한 구조로 생성되기 때문에 화학적 합성이나 미생물의 대량 생산 체계를 이용하여 생산하는 데 한계가 있다. 따라서 대부분의 경우 식물 세포 배양 기술을 통해서만 대량 생산이 시도되고 있다. 주목나무에서 생산되는 항암 치료제인 탁솔(taxol)이나 인삼에서 생산되는 면역력 강화와 항암제로 알려진 사포닌(saponin) 등이 대표적인 예다. 이 밖에도 식물은 동물에게 강한 생리 활성 작용을 나타내는 다양한 알칼로이드 물질들을 생산하는데 니코틴, 카페인, 모르핀, 코카인 등이 대표적이다. 대부분이 신경 흥분 물질이나 마약 성분 물질로 알려져 있다.

현미경으로 본 사포닌. 사포닌은 면역력 강화와 함암제로 쓰인다.

식물 세포는 동물 세포와는 달리 전능성(totipotent)을 가지고 있다. 즉 동물 세포는 한 번 분화가 되어 어떤 조직의 특성을 나타내게 되면 다시 다른 조

직으로 분화될 수가 없다. 이와 달리 식
물 세포는 한 번 분화가 되어서 어떤 조
직의 일부가 되어도 특정 조건이 갖춰
지면 다시 재분화하여 다른 조직으로
만들어질 수 있다. 식물을 심을 때 쓰이
는 꺾꽂이가 좋은 예인데, 이미 줄기 조
직이 된 세포가 필요에 의해 뿌리 세포
로 재분화될 수 있는 것이다. 식물 세포
배양은 이런 특성을 기반으로 하고 있
다. 즉 기존에 있던 식물의 일부 조직을
취해 이 조직의 세포를 대량으로 생산한 후 식물체가 가지고 있는 유
용한 성분을 굳이 성체까지 자라지 않은 상태에서 세포로부터 뽑아내
는 것이다.

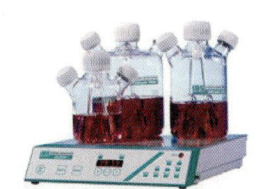

동물 및 식물 세포의 배양

쫓고 쫓기는 생물의 세계

📖 음식물의 섭취와 배설, 물질대사

　모든 생명체를 구성하는 기본 단위는 세포이다. 한 개의 세포로 이루어진 생명체인 박테리아로부터 무수히 많은 세포로 구성된 동식물에 이르기까지, 모든 생명체에서 기본이 되는 단위가 세포이다. 세포는 막(세포막)으로 둘러싸여 있고 그 속은 대부분이 물로 채워져 있으므로 매우 작은 물주머니라고 생각할 수 있다. 이 세포를 구성하는 4가지의 주요 물질은 탄수화물, 지질, 단백질, 핵산이다. 우리가 먹는 3대 영양소와 핵산(주로 DNA와 RNA를 지칭)이 바로 세포의 주요 구성 성분을 이루고 있다. 즉, 우리가 음식물에서 섭취한 성분과 동일한 성분이 세포를 구성한다는 말이다. 그럼, 세포는 어떻게 살아갈까? 그것을 알자면, 먼저 세포가 구성 성분들을 어떻게 만들고 필요한 에너지를 어떻게 얻는지를 이해해야 한다.

먹어야 사는 생명체의 비애

세포는 살아가기 위하여 영양분을 섭취한다. 섭취한 영양분은 커다란 분자들이다. 따라서 세포 자신에게 맞는 물질로 새로 만들기 위해서는 섭취한 물질들을 먼저 작은 물질로 분해해야 한다. 이해하기 쉽도록 섭취한 영양분을 레고 장난감으로 만든 커다란 조형물이라고 생각해보자. 자기에게 맞는 새로운 모형을 만들려면 먼저 이 조형물을

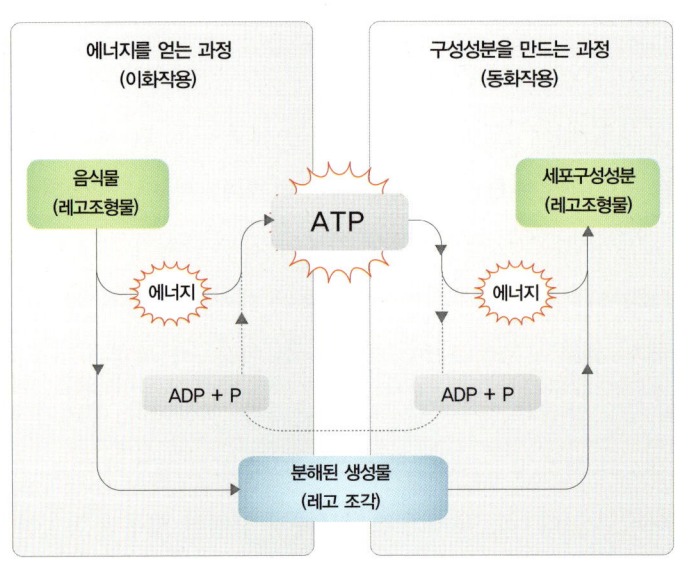

레고 조각 하나하나로 분해해야 할 것이다. 이것을 이화작용이라고 한다. 바로 이 과정에서 에너지가 생성되어 ATP 형태로 저장된다.

  이와 같은 과정을 거치면서 작은 크기로 분해된 분자들은 세포를 이루는 구성 성분들을 만들기 위한 레고 조각들로 사용된다. 이 레고 조각들을 끼워 맞춰서 세포가 필요로 하는 각종 구성물들(새로운 레고 조형물)을 만들어 나가는 과정이 동화작용이다. 이 과정에서는 앞의 이화작용에서 생산해놓은 에너지인 ATP를 사용하며, 세포 자신이 필요로 하는 성분들을 만들어 성장해 간다. 이러한 이화작용과 동화작용을 통틀어 물질대사라고 한다.

  생명체인 우리 몸은 무수히 많은 세포로 이루어져 있다. 우리가 먹는 음식물은 우리 몸의 세포에 영양분을 제공하는 자원이다. 따라서 우리는 하루도 거르지 않고 음식물을 섭취하고 있다. 생태계에 존재하는 생명체들은 다른 생명체를 섭취함으로써 영양분을 얻는다. 우리가 먹는 음식물도 생명체라 할 수 있다. 생태계에는 이처럼 생명체들이 서로 잡아먹고 잡아먹히는 먹이사슬이 존재한다.

  먹이사슬은 생산자인 녹색식물에서부터 시작된다. 녹색식물은 태양에너지와 공기 중의 이산화탄소를 이용해 광합성을 하여 무기물로부터 유기물을 생산함으로써 생산자 역할을 담당한다. 이렇게 생산된 유기물은 1차 소비자인 초식동물에 의해 먹이로 사용된다. 이 1차 소비자는 2차 소비자인 육식동물의 먹이로 사용된다. 3차 소비자는 2차 소비자를 먹이로 사용한다. 사람은 이와 같은 먹이사슬의 최상위에 위치하고 있다.

먹이사슬을 교묘히 이용하는 간충

먹이사슬 속에서 이를 교묘히 이용하며 살아가는 생물체들도 있다. 『개미』라는 소설로 우리에게 잘 알려진 베르나르 베르베르의 『상대적이며 절대적인 지식의 백과사전』에 보면, 기생충의 일종인 간충(Fasciola hepatica)이 먹이사슬로 연결된 일련의 숙주 개체들의 몸을 교묘히 옮겨 다니며 영위하는 삶의 여정이 기록돼 있다.

간충은 'hepatica'라는 이름이 내포하고 있듯이 양의 간에 서식하는 기생충이다. 양의 간에서 성장하여 성충이 되면 알을 낳는데, 양의 간은 알이 부화하기에 적당한 환경이 되지 못한다. 그래서 부화할 수 있는 환경을 만나기 위해 간충의 알은 대변을 통해 양의 몸 밖으로 나오게 된다. 밖으로 배출된 알들은 비로소 부화되어 애벌레가 된다. 이 애벌레들은 새로운 숙주의 몸에 기생하기 위해 달팽이에게 먹힌다. 애벌레가 달팽이의 몸속에서 어느 정도 성장하면, 달팽이가 내뱉는 점액성의 액체와 함께 달팽이 몸속에서 밖으로 나온다. 다음으로 기생하는 곳은 개미의 몸이다. 달팽이에서 분비된 점액성의 액체는 하얀 진주송이의 모양을 하여 개미들을 유혹하고, 개미들이 이를 섭취함으로써 간충의 애벌레는 또 다른 숙주인 개미의 몸속으로 진입하는 데 성공한다. 양에서 달팽이를 거쳐 개미에 이르기까지의 여정에서, 간충은 각 개체의 배설물이나 분비

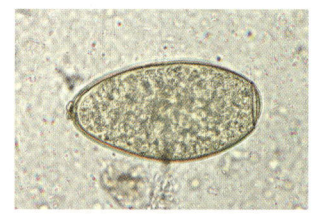

간충
양의 간, 달팽이, 개미 등 숙주의 몸을 옮겨 다니며 삶을 영위한다.

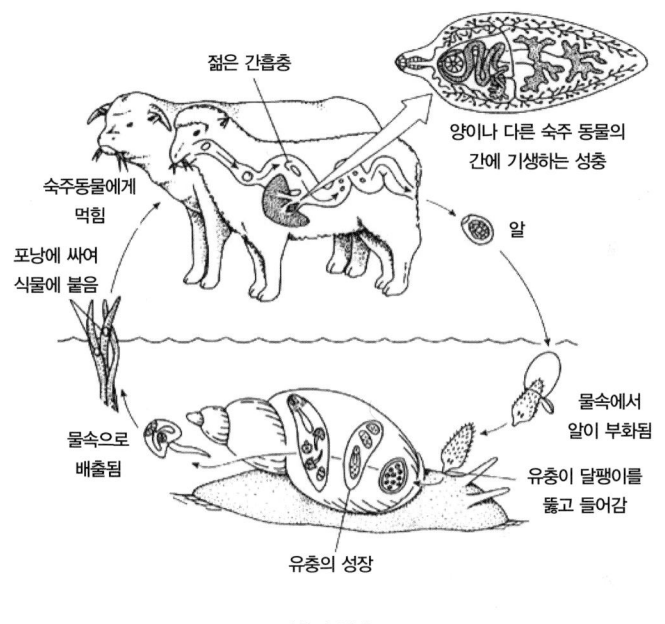

간충의 생애

물을 통해 배출되고 그것을 섭취한 또 다른 개체의 몸으로 쉽게 옮아 갈 수 있다.

 이제 개미의 몸속에 들어온 애벌레는 성충이 되어 알을 까기 위해, 양의 몸속으로 다시 돌아가야 한다. 그러나 알다시피 양은 초식동물이므로 개미를 잡아먹을 리가 없다. 양들은 주로 기온이 선선한 시간에 풀을 뜯어먹으며 주로 풀의 윗부분을 뜯어먹는다. 반면에 개미가 개미집에서 나와 활동하는 시간은 기온이 따뜻할 때이며, 그늘이 진 풀의 뿌리 부분으로 주로 돌아다닌다. 시간도 안 맞을뿐더러 활동 공간도 일치하지 않기 때문에, 자연히 간충이 개미의 몸속에서 양의 몸속으로 옮아가기는 매우 어려운 상황이다.

그래서 풀을 뜯어먹고 사는 1차 소비자인 양의 몸속으로 들어가기 위해서 간충은 개미의 행동을 조종한다. 양이 풀을 먹는 시간이나 장소에 맞게 개미가 이동하도록 컨트롤하는 것이다. 이를 위해 간충은 개미의 몸속에서 이리저리 흩어졌다가 한 마리가 개미의 뇌로 흘러 들어가게 된다. 이때부터 개미의 행동에 변화가 오기 시작한다. 간충에 감염된 개미들은 다른 개미들이 잠든 밤에 마치 몽유병 환자처럼 개미집 밖으로 나와 풀 꼭대기로 올라간다. 풀 중에서도 양들이 즐겨 먹는 종류의 풀들을 골라서 기어 올라가 밤새 그곳에서 꼼짝하지 않고 양에게 먹히기만을 기다린다. 해가 떠올라 기온이 올라가면 양에게 먹히지 않은 개미들은 제정신을 차리고 풀잎에서 내려와 일상으로 돌아간다. 그러나 저녁이 되면 또다시 간충의 '마법'에 걸려 밖으로 나와 풀 위로 기어 올라가 양에게 잡아먹히기를 기다리는 신세가 된다.

당랑규선

자연의 생물들이 생태계의 먹이사슬을 통하여 서로 잡아먹고 잡아먹히듯이, 인간 세계에도 끊임없는 약육강식이 벌어지고 있다. 먹이사슬을 교묘히 빗대어 표현한 고사성어로서 당랑규선이란 말이 있다. 당랑규선(螳螂窺蟬, 사마귀 당, 사마귀 랑, 엿볼 규, 매미 선)은 사마귀가 매미를 엿보고 있다는 말로, 당장의 이익에 눈이 어두워 다가올 재앙을 미처 생각하지 못한다는 뜻이다.

어느 날 아침 오나라 태자 '우(友)'가 손에는 활을 들고 옷은 흠뻑

젖은 채 허둥대고 있는 모습이 왕의 눈에 띄었다. 왕이 기이하게 생각하여 그 연유를 물었다. 태자는 이렇게 대답했다. '나뭇가지에 매미가 한 마리 앉아 있는데, 그 매미를 잡으려고 사마귀가 앞발을 세우고 노려보고 있었습니다. 그런데 하늘에는 새 한 마리가 자신을 잡으려고 노리고 있다는 사실을 전혀 눈치 채지 못한 채 사마귀는 매미를 잡는 데만 열중했습니다. 저는 활시위를 당겨 사마귀를 노리고 있는 새를 잡으려 하였지만, 하늘의 새에만 정신이 팔려서 그만 발을 헛디뎌 웅덩이에 빠지고 말았습니다.'

태자 '우'는 이 이야기를 통해 오직 한쪽에만 정신이 팔려 다른 것은 생각하지 못하는 오나라 왕 '부차(夫差)'에게 간하려 하였다. '부차'는 월나라와의 싸움에서 크게 이긴 후 중원 전체를 차지하기 위해 북벌에만 정신이 팔려 월나라의 공격에 대해서는 전혀 대비하지 않고 있었던 것이다. 그러나 태자의 간언을 듣지 않은 왕은 결국 월나라의 침입을 받았고, 이로 인해 오나라는 멸망하고 말았다.

'당랑규선'에서는 나무의 수액을 먹고사는 매미가 1차 소비자인 셈이고, 매미를 노리는 사마귀가 2차 소비자인 셈이다. 2차 소비자를 먹이로 삼는 3차 소비자는 사마귀를 노리는 새이다. 사람은 이와 같은 먹이사슬의 최상위에 위치하여 모든 것을 잡아먹는다. 그러나 사람도 잡아먹히는 것이 있으니 지진, 홍수 등의 자연재해와 전쟁, 교통사고 등 인간이 만들어낸 재해이다. '당랑규선'에서는 웅덩이가 이 역할을 담당하고 있다. 진시황에 의해 통일이 이루어지기 전인 춘추전국시대에는 크고 작은 나라가 난립한 상태에서 약육강식의 싸움이 일상화되어 있었다. '당랑규선'이란 말은 결국 물고 물리는 인간 사회의 약육강식을 일깨우기 위해 생태계의 먹이사슬에 빗대어 이야기한 것이 아닐까.

바이러스, 인류의 피할 수 없는 적

📖 생명 현상의 특성, 세포의 특성

　불과 얼마 전 신종 플루로 표현되는 유행성 독감에 대한 기사가 연일 신문 방송을 뜨겁게 달궜다. 신종 플루는 왜 그렇게 문제가 되었을까? 그동안 인류가 수많은 인플루엔자 바이러스와 전쟁을 벌여왔고, 따라서 이들에 대한 대비책도 나름 만들어져 있었을 텐데 말이다. 유럽의 질병예방통제센터(ECDC)에 따르면 2009년도에 발견된 신종 플루에 의한 사망자가 2010년 1월 기준으로 1만 3,324명이라는 것은 도대체 어찌된 일일까? 이 발표에 따르면 2,160명으로 미국에서 가장 많은 사망자가 나왔고, 브라질(1,632명), 인도(989명), 멕시코(823명),

중국(648명)이 뒤를 이었다. 우리나라에서도 170명이 목숨을 잃었다.

감기와 독감

일반적으로 독감을 '심하게 걸린 감기' 정도로 가볍게 생각하면 그 심각성에 의해 큰 문제를 일으킬 수 있다. 독감 또는 유행성 감기로 불리는 인플루엔자(influenza)는 그 원인, 증상, 치료, 예방법에서 일반 감기와는 확연히 다르기 때문이다. 감기는 호흡기 점막이 200여 종의 각종 바이러스에 감염되면서 일어나는 급성 염증성 질환이다. 콧물과 가래를 동반한 기침 등 호흡기 증상과 함께 열이 나고, 기운이 없으며, 온몸이 쑤신다. 반면에 인플루엔자는 특정 RNA(리보 핵산) 바이러스에 의해 생기는 질환으로 심한 고열, 두통, 춥고 떨리는 오한 그리고 온몸의 뼈마디가 쑤시는 증세가 나타난다. 감기는 일반적으로 합병증이 생기지 않으면 1주일 내에 자연적으로 치유되는 게 보통이지만, 인플루엔자는 바이러스가 대대적인 변이를 일으킬 경우 전 세계적인 유행과 함께 엄청난 사망자를 불러온다.

일반적으로 인플루엔자, 즉 유행성 독감은 박테리아보다 작은, 문자 그대로 생명체의 최소 단위인 인플루엔자 바이러스가 인간의 세포를 공격함으로써 발생한다. 바이러스는 자신이 침투한 세포를 이용해 자신의 유전자를 이루는 8가지 RNA를 복제한다. 이러한 유전자의 복제 과정에서 숙주 세포의 유전 물질이 바이러스 내로 흡수된다. 또한 하나의 숙주 세포가 2가지 이상의 바이러스에 감염된 경우에도 여러 바이러스 간에 유전물질 교환이 이루어져 유전자 재조합이 일어나고, 이를 통해 새로운 바이러스가 만들어지게 된다. 지난번 신종 인플루엔자가 문제된 것은 이종 바이러스 간의 유전자 재조합으로 대대적인 변이가 일어났기 때문인데, 이 같은 바이러스 유전자의 대대적 변이는 통상 10~50년을 주기로 나타난다. 조사 결과 지난번에 유행했던 신종 플루는 A형 인플루엔자인 것으로 밝혀졌는데, 발병 바이러스인 H1N1형 바이러스는 북미 돼지 인플루엔자, 북미 조류 인플루엔자, 인간 인플루엔자 그리고 아시아 및 유럽의 돼지 인플루엔자 등 4가지 인플루엔자 바이러스의 유전자가 혼합된 것으로 나타났다.

신종 인플루엔자 A (신종 플루)

인플루엔자는 A형, B형, C형 등 3가지가 있는데, 사람에게 질환을 일으키는 것은 A형과 B형이다. 이중 B형은 증상이 약하고 한 가지 종류만 존재하지만 A형은 바이러스의 유전자형에 따라 여러 가지가 존재한다.

일반적으로 인플루엔자 바이러스의 유전자형을 나타낼 때는 H1N1, H2N2, H3N2 같은 기호를 사용한다. 이는 바이러스의 표면 단백질인 헤마글루티닌(Hemagglutinin, H)과 뉴라미니다아제(Neuraminidase, N)의 유전자 특성을 나타낸 것이다. 헤마글루티닌은 바이러스가 기생 및 증식할 숙주 세포에 들러붙도록 하는 역할을 하고, 뉴라미니다아제는 기생 및 증식이 끝나 숙주 세포에서 이탈하는

데 쓰이는 단백질이다. 헤마글루티닌은 16종, 뉴라미니다아제는 9종이 현재까지 발견되었는데, 이들 가운데 어떤 것이 결합된 바이러스냐에 따라 H1N1, H2N2의 기호가 붙는 것이다. 최근에 발견된 H16은 스웨덴과 노르웨이 지역의 검은머리갈매기에서 확인되었다. 신종 인플루엔자 A의 바이러스 유전자형은 H1N1으로 지난 1918년에 유행했던 스페인 독감(H5N1), 1957년에 발생한 아시아 독감(H2N2), 그리고 1968년에 위세를 떨친 홍콩 독감(H3N2)과는 판이하게 다르다.

원래 사람에게서 발견되는 인플루엔자는 H1, H2, H3형 헤마글루티닌이 결합되어 있고, 반면에 조류에서 발견되는 플루바이러스 H5N1형은 전염성이 높지만 사람에게 감염될 확률은 매우 낮은 편이라서 문제가 되지 않았다. 그러나 이러한 H5N1에 변종이 생겨 사람 인플루엔자 바이러스와 같이 사람에게 감염이 일어나게 되면 아주 심각한 사태가 발생할 수 있다. 최대 5,000만 명의 사망자를 낸 것으로

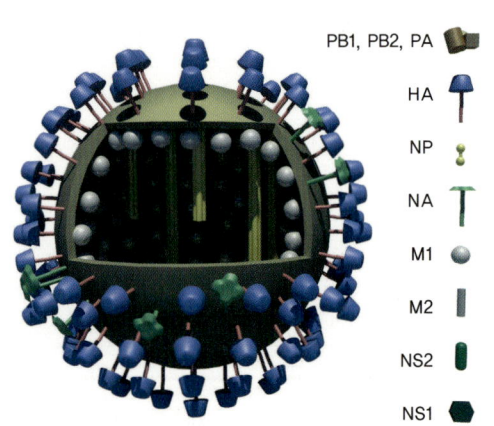

인플루엔자 바이러스의 구조
표면의 파란색 버섯 모양 물질(HA)이 세포에 부착하기 위해 이용되는 헤마글루티닌이고, 초록색 클로버와 같은 것(NA)이 뉴라미니다아제이다.

알려진 스페인 독감의 경우 최근에 이 독감 바이러스를 재생시키는 데 성공하였는데, 연구진에 따르면 이는 사람끼리 전염이 가능한 조류 독감으로 H5N1형인 것으로 판명되었다. 얼마 전에 전 세계적으로 퍼졌던 조류 독감에 마음 졸였던 기억까지 되살려보면, 이러한 일이 또다시 일어나서는 절대 안 될 것이다. 그래서 이러한 신종 인플루엔자 바이러스에 의한 유행성 독감의 위협을 방지하기 위해 과학자들이 백신 개발에 열을 올리고 있는 것이다.

백신의 제조

일반적으로 인플루엔자 백신은 두 가지 방법으로 만들 수 있다. 하나는 유행이 예상되는 바이러스를 대량으로 생산하고, 이러한 바이러스를 여러 가지 방법으로 불활성화시켜서 백신을 제조하거나, 바이러스의 중요한 단백질만을 유전자 조작 기술을 이용해 미생물이나 동물 세포에서 생산하여 백신으로 이용하는 것이다. 지금까지는 대부분 제조상의 단순함 때문에 살아 있는 바이러스를 대량생산하는 것에 기초하여 플루 백신을 생산하였다. 하지만 이를 위해서는 엄청난 수의 유정란을 사용해야만 한다. 주사기를 이용해 닭의 배아에 바이러스를 감염시키고, 닭의 배아가 유정란 내에서 성장하면서 바이러스가 증식되도록 하는 증식 기술이 주로 이용된 것이다. 그러나 이러한 유정란 이용법은 대량생산에 필요한 생산 기간이 비교적 길어서(3개월 이상) 급속히 확산되는 인플루엔자에 효과적으로 대응하는 데 어려움이 있었

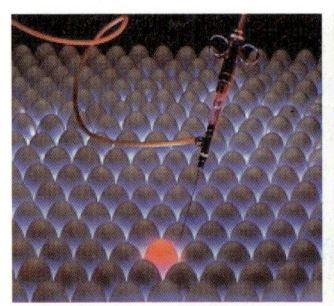 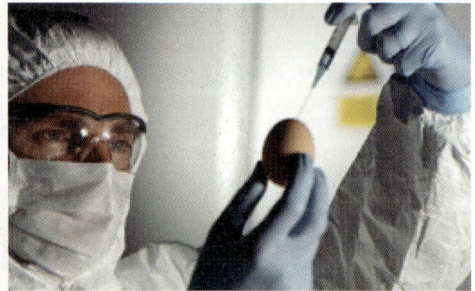

유정란을 이용해 인플루엔자 백신을 생산하고 연구하는 모습

다. 또 유정란을 이용함에 따라 필연적으로 발생하는 생산 공정의 불안정성과 낮은 재현성 등 해결해야 할 여러 가지 문제점을 가지고 있었다.

따라서 지금은 일반적인 기술이 된 유전자 재조합 기술을 이용해, 미생물이나 동물 세포에서 배양을 통해 백신을 생산하는 방법을 실용화하는 쪽으로 연구가 이루어지고 있다. 현재 전 세계적으로 백신을 대량생산하는 백신 제조업체들도 생물배양기를 이용하고 세포배양기술을 적용하여 백신을 생산하려 하고 있다. 이 경우에 더 좋은 품질의 백신을 훨씬 단축된 기간 내에 제조할 수 있어서 빠르게 확산되는 인플루엔자에 효과적으로 대처할 수 있기 때문이다. 최근에는 세포를 대규모로 배양하는 일회용 장치도 개발되

세포 배양을 통해 백신을 대량으로 생산할 수 있다.

어 백신을 신속하게 대량 제조하는 것이 더욱 쉬워졌다.

많은 인명 피해가 있었지만, 신종 플루가 가져온 긍정적인 측면도 없지 않다. 비록 대가는 호되었지만 전혀 무가치한 희생은 아니었다. 이번 신종 플루 대유행을 통해서 세계 각국이 대응 태세를 갖추도록 노력하게 되었고, 인류가 바이러스와의 전쟁에서 가진 허점이 무엇인지를 제대로 파악했기 때문이다. 따라서 신종 플루의 경험은 더욱 무서운 바이러스의 대유행에 대비한 백신 예방주사 같은 것이었다고 할 수 있다. 무엇보다 게놈 연구 후 시대에 처음 맞는 인플루엔자 대유행을 통해 다방면의 연구를 수행하여 인플루엔자에 대한 이해의 폭을 넓힐 수 있는 계기가 되었다. 또한 보건당국과 여러 제약회사들이 백신 제조 기간을 단축시키고 생산 효율을 높이기 위한 필요성을 절실히 느끼게 되었고, 차세대 백신 개발에 박차를 가하게 되었다.

물론 아직도 우리가 모르는 것들이 많이 남아 있다. 10년 후가 될지 100년 후가 될지는 모르지만, 재빠른 진화를 무기로 한 인플루엔자 바이러스가 새로운 변종을 탄생시켜 인류를 위협할 것임은 분명하다. 그러나 우리 인류는 과거에 스페인 독감으로 수천만 명의 인명을 잃었던 것처럼 호락호락하게 당하지는 않을 것이다. 바이러스와의 전쟁에서 이기기 위한 준비가 더욱 치밀해질 것이고, 더욱 강력한 백신으로 인류를 보호할 수 있는 능력을 갖출 것이기 때문이다.

JUMP IN LIFE 01
효소공학 이야기

📖 생명 현상의 특성, 효소의 구조와 특이성

우리 몸 안에서 일어나는 물질의 대사는 효소(enzyme)라는 촉매에 의해 일어난다. 세포 내에 효소가 없으면 대사 작용은 일어나지 않는다. 이러한 생체 촉매 작용을 하는 효소란 무엇일까? 효소가 우리 생활과 산업에 어떻게 이용되는지, 그리고 더 좋은 효소를 만들기 위한 방법은 무엇인지 살펴보자.

우리 생활 속으로 들어온 효소

우리가 밥을 먹으면 밥의 주성분인 전분(starch)은 소화효소에 의해 포도당으로 변화하여 세포에 에너지원으로 공급된다. 왜 세포는 직접 전분을 활용할 수 없을까? 전분은 분자 크기가 커서 세포벽을 통과할 수 없기 때문이다. 아밀라아제(amylase)라는 효소가 이를 잘게 분해시켜 포도당으로 만들면 분자 크기가 작아져 세포 안으로 들어갈 수 있다. 그러면 소화 효소는 항상 분비될까? 그렇지 않다. 우리가 밥을 먹을 때만 소화효소가 만들어져 분비된다. 필요 없을 때는 만들지 않고, 필요할 때만 만들어 활용한다. 필요에 의해서 우리 몸에서 물질대사가 일어나는 것이다. 필요할 때만 효소가 만들어지는 메커니즘이 존재하는 것이다.

> **촉매(catalyst)**
> 반응 과정에서 소모되지 않으면서 반응속도를 변화시키는 물질. 일반적으로 활성화 에너지를 낮추어서 반응속도를 빠르게 해준다.

효소는 대략 3,000여 종류가 알려져 있다. 즉, 우리 몸에서 일어나는 대사 작용이 대략 3,000가지나 된다는 것이다. 우리가 먹고, 숨쉬고, 활동하는 것은 다 물질대사에 의한 것이다. 물론 이 모든 과정에 효소는 촉매로서 작용하게 된다.

　오래전에는 살아 있는 생명체에서만 대사 작용이 일어날 수 있다고 생각했는데, 수많은 과학자들이 연구한 결과 그것은 세포 내에 존재하는 효소에 의한 것임이 밝혀졌다. 그 이후에는 세포에 있는 효소를 따로 분리하여 응용할 수 있게 되었다. 효소가 우리 생활 속으로 들어온 것이다. 우리 인간의 세포에도 효소가 존재하고, 식물 세포에도 효소가 존재하고, 미생물에도 효소가 존재한다. 이러한 효소를 분리하여 이용할 수 있게 된 것이다. 어디에서 얻은 효소인지에 따라 약간의 차이는 있으나 기본적인 구조, 작용은 매우 유사하다. 효소는 단백질의 한 종류로서 일반적으로 효소 작용을 열쇠-자물쇠와 같이 이해한다. 즉 효소는 특정한 구조를 가진 물질(이를 기질이라고 부른다)과 만나면 열쇠-자물쇠가 결합하듯이 중간 형태의 물질이 생기고, 여기에서 효소의 작용에 의해 기질이 다른 물질로 변화하게 된다.

모양을 한 물질만 효소에 의하여 반응을 한다. 최종적으로 → 2개의 생성물이 생긴다. 구조가 다른 물질(예:)은 효소와 결합할 수 없으므로 변화가 없다.

효소의 산업적 이용

효소가 어떻게 작용하는지 이해했다면, 이번에는 어떻게 하면 효소를 실생활에 또는 산업적으로 이용할 수 있을까 생각해보자.

효소를 산업적으로 이용하기 위해서는 우수한 효소가 필요하다고 하는데, 우수한 효소란 무엇일까? 예를 들어, 일반적으로 효소는 30∼40℃에서 작용이 제일 활발하지만 필요한 경우에는 높은 온도(80∼90℃)에서도 잘 작용할 수 있어야 한다. 반응 온도가 올라가면 반응속도가 빨라지고, 그러면 산업적으로 짧은 시간에 많은 제품을 만들 수 있기 때문이다. 어떻게 하면 높은 온도에서 작용하는 효소를 얻을 수 있을까? 첫째 화산 근처, 온천 지역 등에서 미생물을 얻고, 그 미생물의 효소를 연구하면 많은 경우 높은 온도에서 작용하는 효소를 얻을 수 있다. 오랜 시간 동안 그러한 미생물은 화산이나 온천 지역과 같이 온

바실리스 서브틸러스 리파아제 A의 3차원 구조

효소 이름	효소 작용	응용
아밀라아제(Amylase)	전분 분해	소화효소, 세제용 효소
리파아제(Lipase)	지방 분해	소화효소, 세제용 효소, 바이오디젤 생산, 화학 소재 생산
글루코스옥시다아제(Glucose Oxidase)	포도당산화	혈액 속의 포도당 농도 측정
글루코스아이소머라아제(Glucose Isomerase)	포도당이성화	과당 시럽(syrup) 생산
셀룰라아제(Cellulase)	셀룰로스 가수분해	바이오에탄올 생산
펙티나아제(Pectinase)	펙틴 분해	식품 첨가제

도가 아주 높은 지역에서도 살아남기 위해 효소 구조가 진화했을 것이기 때문이다. 또 다른 방법은 우리가 효소를 인위적으로 개량하는 것이다. 효소는 단백질 분자이므로 효소의 구조와 작용의 상호 관계를 이해하고, 이를 토대로 구조를 바꾸면 좋은 효소를 만들 수 있다.

이제는 단백질체학(proteomics) 등 생명공학의 발달로 우리가 인위적으로 단백질 구조를 바꾸고 이를 대량생산할 수 있기 때문에 인위적으로 효소를 진화시키는 것이 가능한 시대가 되었다. 효소의 열안정성을 향상시키는 일, 효소의 활성(activity)을 올리는 일, 유기용매에서 효소가 잘 작용하도록 하는 일, 효소의 최적 pH를 옮기는 일, 효소가 반응할 수 있는 기질의 종류를 바꾸는 일 등이 가능해지고 있다. 궁극적으로 언젠가는 원하는 효소를 마음대로 설계하여 만들 수도 있게 될 것이다.

제 2 장

생물과 에너지

세상에서 가장 오래된 에너지 공장

📖 생명 현상의 특성, 물질대사

　모든 생물은 생명 활동을 위해서 반드시 에너지가 필요하며, 필요한 에너지를 꾸준히 얻기 위해서는 주위와 물질을 교환해야만 한다. 흡수한 물질들을 이화작용이라는 과정으로 저분자 물질로 분해하거나 산화시키면서 생명 활동에 필요한 에너지를 얻으며, 분해 과정에서 생성된 부산물을 배출한다. 또 반대로, 분해된 저분자 물질을 에너지를 이용해 동화작용이라는 과정으로 고분자 물질을 합성하기도 한다. 이렇게 생물체가 자신의 생명 유지를 위해 진행하는 모든 과정을 물질대사라 부른다.

달라지기 위해 같아진다?

동화작용(同化作用, catabolism)의 사전적 의미는 같아지는 반응으로, 생물체 내에서는 에너지를 이용해 세포를 형성하는 데 필요한 고분자를 합성하는 과정을 말한다. 에너지를 이용해 여러 개의 저분자 물질에서 하나의 거대한 고분자 물질이 합성되는 과정이 동화작용이다. ① 머리카락의 성장이나 소화 효소의 합성과 같은 단백질 합성, ② 이산화탄소와 물로부터 탄수화물을 만드는 광합성(탄소동화작용), ③ 토양 속 세균들이 흡수한 질소 화합물을 결합시켜 단백질이나 핵산과 같은 유기 질소 화합물을 합성하는 질소동화작용 등이 대표적이다.

이화작용(異化作用, anabolism)은 반대로 달라지는 반응이라는 의미로, 거대한 분자를 여러 개의 세포 구성의 기본 요소들(아미노산이나 뉴클레오티드 등)로 분해하면서 세포의 생장에 필수적인 동화작용에 필요한 에너지 및 기타 생명 유지에 필요한 에너지를 얻는 과정이다. 대표

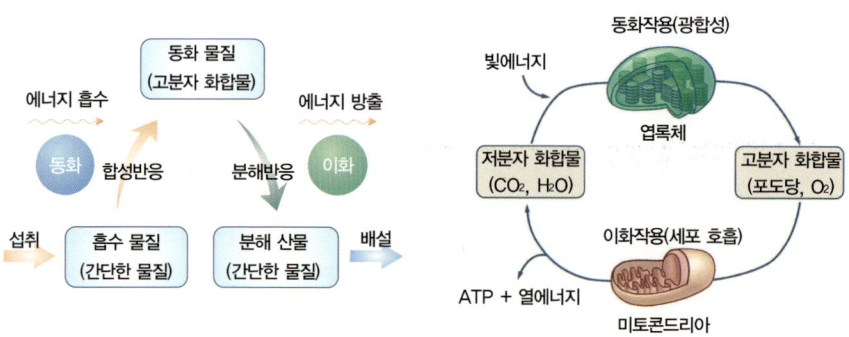

동화작용과 이화작용

적인 예로 먹은 음식물을 산소와 결합시켜 산화시키면서 에너지를 얻는 호흡을 들 수 있다. 즉 사람의 경우 단백질, 탄수화물, 지방 등의 음식물을 소화시키면서 에너지도 얻고(이화) 구성 성분도 얻은 다음, 이들을 이용해 세포의 생장에 필요한 DNA, 단백질 등 고분자 물질을 만드는(동화) 과정이 생장인 것이다.

광합성은 식물의 에너지 변환 과정

녹색 식물이 태양에너지(빛에너지)를 이용해 이산화탄소와 물로부터 지구상의 모든 생명체가 가장 선호하는 탄소원인 포도당(glucose)과 산소를 생성하는 과정이 동화작용의 대표적인 예인 광합성이다. 광합성의 대표 반응물은 이산화탄소와 물이다. 그런데 이 두 물질 모두 반응성이 낮으므로 빛 에너지가 필요하다. 광합성의 전체 반응을 화학식으로 쓰면 다음과 같이 표시할 수 있다.

$$6CO_2 + 6H_2O + 빛에너지(686\ kcal) \rightarrow C_6H_{12}O_6(포도당) + 6O_2$$

따라서 흡수된 빛에너지는 포도당 분자의 분자 결합 형태(화학에너지)로 저장되는 셈이고, 이렇게 저장된 에너지를 에너지가 필요할 때 해당작용(glycolysis)에 의해 분해하며 다시 에너지로 사용하기도 하

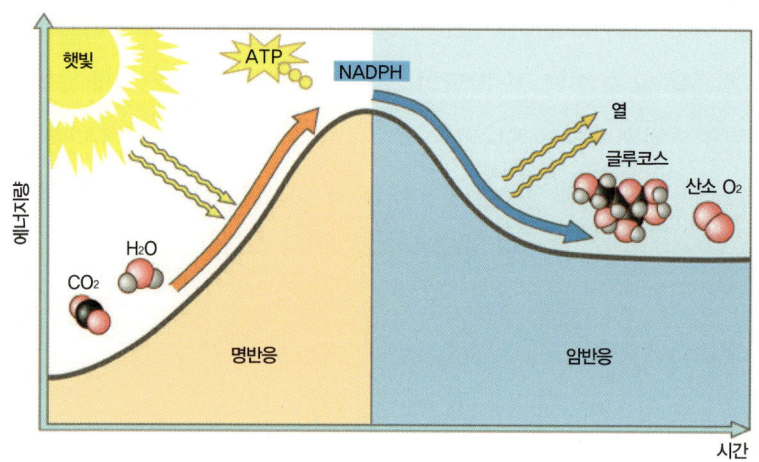

광합성의 명반응과 암반응

고, 포도당을 기본으로 하는 셀룰로스(cellulose)와 같은 고분자 물질을 만들기도 한다.

 셀룰로스(cellulose)

셀룰로스는 고등 식물의 세포벽을 구성하는 성분으로 목질부의 대부분을 차지하는 다당류 고분자 물질이다. 섬유소라고도 하며, 화학식은 $(C_6H_{10}O_5)n$으로 표현할 수 있다. 재미있게도 지구상의 거의 모든 생물체가 가장 선호하는 탄소원인 포도당(D-glucose)이 수만~수십만 개 중합된 형태로 되어 있다. 문제는 같은 포도당이라도 중합되는 방법에 따라 녹말이나 글리코겐(glycogen)처럼 쉽게 분해되는 고분자도 형성되고, 셀룰로스처럼 직선형으로 튼튼한 난분해성 고분자도 만들어진다는 것이다.

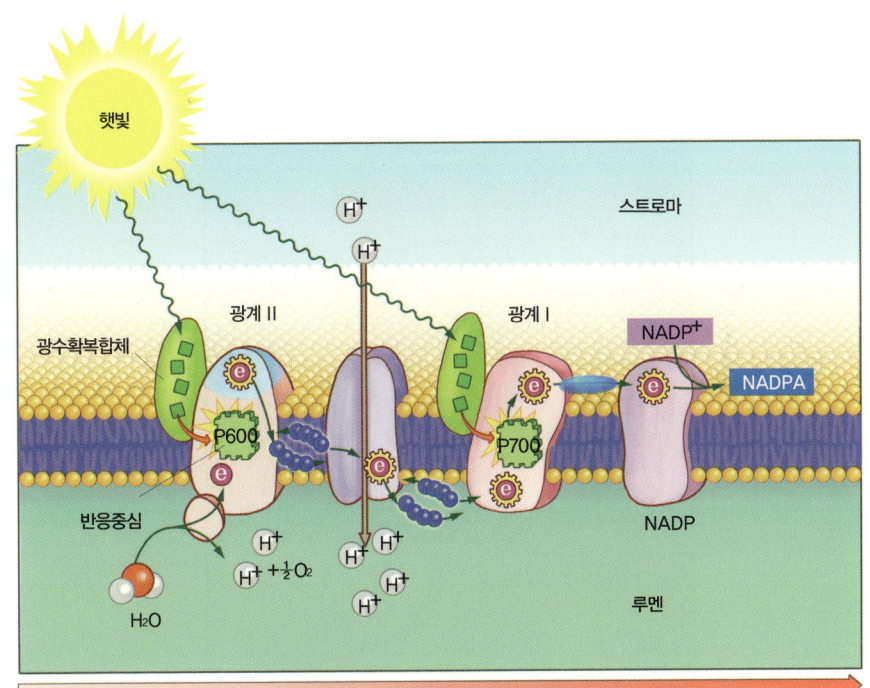

광합성의 광계 I과 II 및 전자전달계

    광합성은 크게 계에 에너지를 충전하는 빛이 반드시 필요한 명반응과 빛이 없는 상태에서 초기 상태로 복귀하는 암반응으로 나눌 수 있다. 그림에서 보듯이 명반응에서 에너지원인 ATP와 NADPH가 생성되고, 암반응에서 포도당이 합성된다. 즉, 포도당 합성에 필요한 에너지는 ATP가, $C_6H_{12}O_6$의 분자 구성 성분인 C/H/O는 각각 CO_2/NADPH/H_2O가 공급함을 알 수 있다.

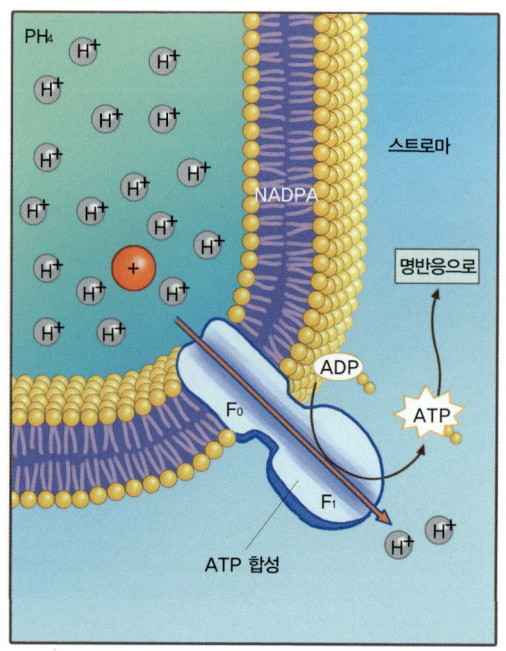

화학삼투적 인산화에 의한 ATP 생산

농도와 전하를 동시에 이용하라!

광합성이 일어나는 엽록체(chloroplast)는 작지만 이중 지질막을 가진, 나름대로 완벽한 구조이다. 즉, 엽록체가 아주 오래전에는 독립된 생물체였다는 것을 알려주는 수많은 증거 중 하나이다. 엽록체는 이중막의 존재로 인해 상대적으로 복잡한 구조를 가지며, 막을 사이에 놓고 루멘(lumen)과 스트로마(stroma) 부분으로 나뉜다.

아직 알려지지 않은 부분도 있지만, 간단히 설명하면, 명반응은 다시 광계(photosystem) I과 II, 양성자 펌프(proton pump) 및 전자전달계(electron-transport system)로 구성되며, 광합성의 명반응이 진행되면 루멘에 양성자(H^+)가 축적되게 된다.

광합성이 ATP 생성에 효율적인 이유는 바로 세상에서 제일 작은 이온인 양성자를 막을 사이에 두고 축적하기 때문이다. 즉 막을 사이에 두고 양성자가 축적되면, 농도 차이에 의한 삼투압은 물론이고, 양성자의 전하에 의한 전압도 동시에 축적되는 가장 효율적인 시스템이 되는 것이다. 예를 들어, 수력 발전을 하고자 댐을 만들어 물을 가두는 것이 아니고 전하를 띤 아주 작은 물질을 가두기만 하면, 낙차에 의한 에너지는 물론 전하 차이에 의한 에너지까지 얻을 수 있게 된다. 게다가 양성자는 지구상에 자연적으로 존재하는 물질 중에 유일하게 전자가 없이 핵만으로 이루어진 작은 크기라서 일정 공간에 가장 많이 넣을 수 있으니 광합성의 효율성에 더욱 감탄하지 않을 수 없다.

축적된 양성자가 ATP 합성복합체를 통과해 나가면서 에너지 차이에 의해 ATP가 합성되게 된다. 이 과정을 화학삼투적 인산화(chemiosmosis)라고 하는데, 식물체가 생장 및 생명 유지에 필요한 에너지를 얻는 가장 대표적인 반응이 된다.

인공으로 광합성을 만들 수 있을까?

물(H_2O)과 이산화탄소(CO_2)를 빛에너지를 이용해 필요한 물질을 만들고 에너지를 공급 받는 식물의 광합성은 오래전부터 많은 과학자들이 재현하려고 애쓰는 연구이다. 광합성에 대한 이해는 미국의 물리화학자 멜빈 캘빈(Melvin Calvin, 1911~1997) 교수가 방사성 동위원소 실험으로 빛에너지 없이 포도당을 합성하는 광합성의 화학반응(암반응)을 밝혀내면서 시작되었다. 캘빈은 이 공로로 1961년 노벨화학상을 수상하였는데, 명반응의 산물인 ATP와 NADPH를 이용해 저분자인 물과 이산화탄소에서 포도당을 합성하는 순환 과정을 캘빈 회로(Calvin cycle)라고 부르는 것은 이 때문이다.

미국의 물리화학자 멜빈 캘빈. 식물의 엽록소가 물과 공기 중의 이산화탄소를 이용하여 유기물을 합성하는 광합성 과정을 밝힌 업적으로 노벨화학상을 받았다.

이후 캘빈 박사는 1985년 독일의 막스 플랑크 연구소에서 광합성에 관여하는 단백질의 구조를 밝혀 광합성의 이해에 지대한 공헌을 하였고, 그

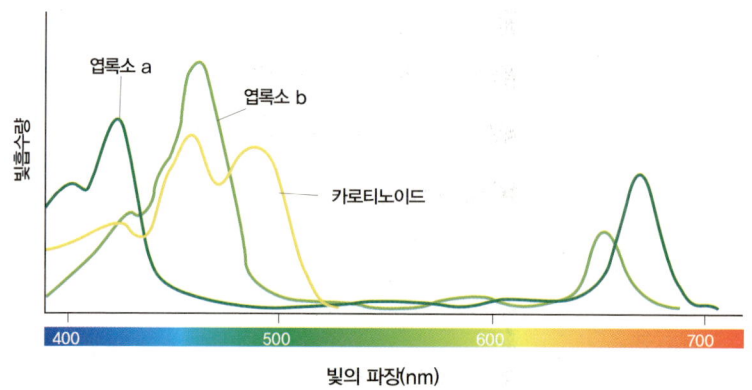

> **태양전지**
> 태양빛의 에너지를 전기에너지로 바꾸는 장치. 이미 전자식 탁상용 계산기나 시계와 같은 가정용품, 등대, 인공위성용 전원에 사용되고 있으며, 21세기에는 본격적인 태양광 발전 시대가 될 것으로 전망된다.

공로로 1998년 노벨화학상을 공동 수상하였다. 이런 일련의 연구로 밝혀진 광합성의 이론적인 최대 효율은 30% 남짓이며, 실제 지구상의 식물체들의 광합성 효율은 2% 미만이다. 그러나 빛에너지를 흡수해 전달하는 전기적인 면에서만 보면, 현재 실리콘계 무기태양전지에 비해 광합성을 흉내 낸 유기태양전지는 훨씬 높은 가능성을 가지고 있다.

바이오에너지가 다른 신재생에너지로는 대체하기 어려운 에너지 밀도가 높은 액체 연료를 만들기는 하지만, 광합성 효율도 태양광 전지보다 높게 만들려는 연구들이 현재 진행 중이다. 대부분의 식물에서 빛을 흡수하는 색소들은 파란색 부분과 빨간색 부분을 선택적으로 흡수하기 때문에 거의 모든 식물체가 빛의 3원색(빨강, 초록, 파랑, RGB) 중에 초록색을 상대적으로 덜 흡수하여 초록색으로 보이게 된다. 인공광합성의 가장 대표적인 연구 중 하나는 상대적으로 흡수가 잘 안 되

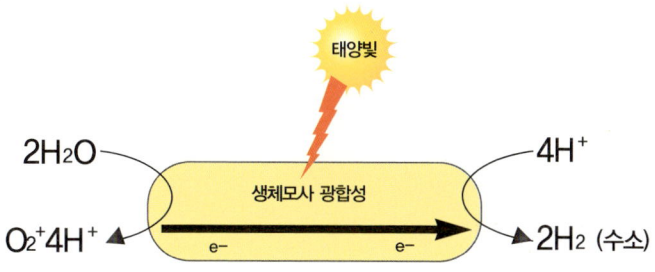

는 초록 및 노랑의 광자를 흡수할 수 있는 새로운 색소를 넣어, 모든 가시광선 영역의 파장을 흡수하여 광합성 효율을 높이는 것이다.

최근에는 광합성과 비슷한 원리를 이용해 전기를 생산하고자 하는 유기태양전지와 같은 연구나 광촉매를 이용해 물을 산소와 수소로 분해하려는 연구도 많은 진척을 보이고 있다. 광합성 회로를 개선해 좀 더 에너지 밀도가 높은 물질을 생산하도록 대사 재설계를 연구하는 분야도 더욱 발전할 것으로 기대된다.

바이오에너지, 식물에서 에너지를 만들다

📖 생명 현상의 특성, 물질대사

　지구상의 모든 생물의 먹이사슬은 포식자가 섭취한 에너지를 100% 다 활용하지 못하기 때문에 상위 포식자로 갈수록 그 수가 줄어드는 피라미드 구조를 띨 수밖에 없다. 또한 먹이사슬의 맨 하단의 생산자는 반드시 필요한 모든 물질을 만들 수 있는 독립영양생물이어야 한다. 독립영양생물의 수가 유지되기 위해서는 누군가가 생태계에 끊임없이 에너지를 공급해주어야 하는데, 현재 지구상에서는 태양이 바로 모든 생물들을 유지시켜주는 원천적인 에너지가 된다. 따라서 화석 연료가 고갈될 경우, 인간이 사용할 수 있는 재생에너지도 반드시 태양과 밀접한 관계가 있어야만 유지 가능할 것이다.

화석 연료의 고갈

석탄에 의한 증기기관의 발명으로 산업혁명이 시작되고, 석유의 발견으로 인류는 20세기에 어마어마한 변화와 발전을 겪었다. 현재 우리가 사용하는 모든 일상용품은 화석 연료에서 왔다고 해도 과언이 아닐 정도로 많은 물질들의 원료가 원유에서 얻어지고 있다.

그러나 최근 에너지 사용량은 40년 전에 비해 원유는 2.5배, 천연가스는 거의 4배, 석탄도 2배로 늘어나면서 급기야 원유 매장량의 발

석유산업			석유화학산업	가공산업	최종제품
-41~1°C	가솔린	기초유분	폴리에틸렌, 폴리프로필렌 폴리스티렌, ABS, PVC PC, PBT, POM 통 EP 〈합성수지〉	플라스틱 가공 산업	컴퓨터, TV, 핸드폰 등
30~120°C	납사	BTX 에틸렌 프로필렌 부타디엔	AN, CMT EG, TPA 카프로락탐 〈합성섬유 원료〉	섬유산업	의류, 침구 가방 등
150~280°C	등유				
280~350°C	경유	중간원료	SBR, BR, SB-Lastex 〈합성고무〉	고무산업	자동차, 오토바이, 보트 등
(석유증기)		VDM SM P-X	MD/TD/PPS, 초산에틸 카본, 페놀/아세톤, 석유수지 RA/VA/옥탄올, AB 〈기타 화학제품〉	페인트, 접착제, 세제 화장품, 식품, 의약품 비료, 농약 기타 특수 소재	
300°C 이상	B-C유				

석유화학공업 계통도

견 속도가 원유 소비 속도를 따라가지 못하는 피크오일(peak oil)을 지났다. 즉 기술이 발달하여 예전보다 같은 유전에서 가채량도 많아졌고 유전을 찾는 기술도 개발되었지만, 이제는 원유의 절대량이 늘어나지 않기 때문에 원유의 생산량이 해마다 감소할 수밖에 없다는 것이다.

특히 2020년 이후에는 원유 생산량이 급격하게 감소할 것이고, 에너지 소비량은 앞으로도 계속 증가할 것이므로 앞으로 원유 가격의 상승은 더 가속화될 것으로 전망되고 있다. 현재 사용되는 에너지의 대부분이 석유, 석탄, 천연가스 등의 화석 연료임을 감안한다면 이를 대체할 새로운 재생에너지를 하루빨리 개발해야 한다.

지구 온난화

전 세계 인구는 화석 연료의 사용으로만 연간 80~90억 톤의 탄소를 대기 중에 방출하고 있다. 이중 약 40억 톤 이상이 해양과 지상의 광합성 생물 등에 의해 고정되거나 흡수되고 있지만, 그래도 매년 40억 톤 이상의 탄소가 대기 중으로 방출되고 있는 셈이다.

이에 따라 지난 60여만 년간 180~300ppm 사이로 약 10만 년을 주기로 반복되던 지구 대기 중의 이산화탄소 농도는 최근 50년간 무려 100ppm 가까이 급격히 상승하여 현재는 400ppm에 근접하고 있다. 아직도 많은 과학자들이 지구온난화의 이유에 대해 서로 다른 의견을 제시하고 있지만, 현재 이산화탄소의 농도가 인류 역사상 가장 비정상적인 것임에는 틀림없다.

인류의 생산 활동에 의한 이산화탄소 등 온실가스의 증가는 지구에서 방사되는 적외선을 다시 흡수함으로써 지구의 온도를 올리는 악순환을 하게 된다. 따라서 현재의 속도로는 21세기 말의 극지 온도는 현재보다 7~8도 상승할 것으로 예측된다. 이러한 온도 상승은 해수면 상승과 이상기온, 홍수·가뭄 등의 이상기후를 야기하고 있으며, 현재와 같은 속도로 지구 온난화가 지속될 경우 어마어마한 재앙이 닥쳐올 것으로 예견되고 있다.

재생 에너지

재생에너지(renewable energy)란 사용을 하더라도 다시 생산될 수 있는 에너지를 말한다. 현재 우리나라에서는 태양광, 태양열, 바이오에너지, 풍력에너지, 수력에너지, 해양에너지, 폐기물에너지, 지열에너지 등 8가지를 재생에너지라고 한다. 이들은 모두 엄밀하게 얘기하면 태양과 관계가 있다. 태양 없이는 생물이 자랄 수 없고, 온도차도 생기지 않으므로, 비도 안 오고, 바람도 안 불고, 해류도 없게 된다. 폐기물이나 지열에너지는 어느 정도 열에너지를 만들어낼 수도 있겠지만, 대부분의 재생에너지는 전기를 만들어내는 데 집중되어 있다.

이제 막 전기자동차가 본격적으로 연구되고 있는 시점에서 747과 같은 거대한 비행기나, 컨테이너 수만 개를 실은 대형 화물선이 에너지 밀도가 낮은 전지의 힘에 의해 태평양을 횡단하는 것은 어쩌면 지금 세대의 삶에서는 볼 수 없을 것이다. 따라서 적어도 수송용 액체 연

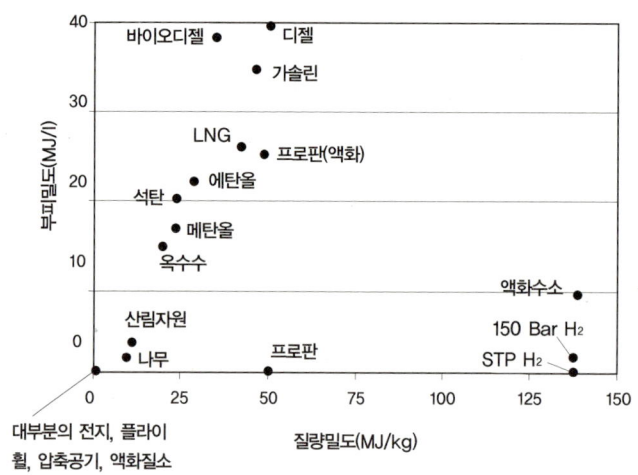

료가 먼저 만들어져야 하는데, 현재 기술로서 수송용 액체 연료를 만들 수 있는 방법은 바이오에너지와 석탄액화 등이 있다. 그중 바이오에너지가 훨씬 희망적이다.

　게다가 바이오에탄올이나 바이오디젤과 같은 바이오에너지는 화석연료에 비해 상대적으로 적은 온실가스(GHG)를 배출한다. 또한 최근 연구에 따르면 바이오에너지는 적당한 탄소분리저장법(CCS, carbon capture and storage)과 연계될 경우 오히려 탄소를 소모하면서 얻을 수 있다. 즉, 바이오에너지는 탄소발자국이 음(陰)일 수 있는 유일한 재생에너지로서 탄소 중성인 풍력, 조력, 지열, 태양열/태

> **탄소발자국(carbon footprint)**
> 개인 또는 단체가 직간접적으로 발생시키는 온실 기체의 총량을 뜻한다. 일상생활에서 사용하는 연료, 전기 용품 등이 모두 포함된다. 비슷한 개념으로 개인 및 단체의 생활을 위해 소비되는 토지의 총 면적을 계산하는 '생태발자국'이 있다.

양광 등의 다른 신·재생에너지보다 유리한 장점이 있다.

바이오매스와 식량난

바이오에너지 개발은 전술한 여러 가지 장점과 중요성과 많은 발전으로 인해 2008년 하반기의 유가 상승 전만 하더라도 원유가가 배럴당 100달러가 넘으면 바이오에너지로 대체될 것으로 예견되었다. 바이오에탄올과 바이오디젤로 대표되는 바이오에너지의 생산량은 꾸준히 증가해왔다. 바이오디젤은 유럽을 중심으로, 바이오에탄올은 브라질과 미국을 중심으로 많이 생산되고 있다. 하지만 바이오에너지는 2008년 유가 폭등에 대처하지 못하고, 오히려 예기치 못한 곡물 가격 상승과 식량 부족 상황을 초래했다. 이는 전분질계 바이오매스인 곡물 등으로부터 바이오에너지를 만들게 되면 식량과 경쟁할 수밖에 없다는 한계를 보여준 것이었다.

당질계 바이오매스인 사탕수수를 이용하는 경우도 마찬가지여서, 국제 곡물 가격의 상승은 바이오에탄올을 생산하기 위해 꾸준히 증가하고 있는 곡물의 양과 밀접한 관계가 있음을 알 수 있다. 브라질에서도 2008년 후반기 원유 가격의 상승에 따라 바이오에탄올의 생산에 더 많은 사탕수수가 사용되면서, 국제 설탕 가격까지 폭등하였다. 심지어 21세기에 들어서 원유 가격과 옥수수 가격의 추이를 동시에 겹치면 두 가격의 추이가 놀랍도록 일치하는 모습을 보인다(2005~2006년에 일치하지 않는 부분은 레바논 사태로 중동이 어수선했던 때이다). 우리 조상

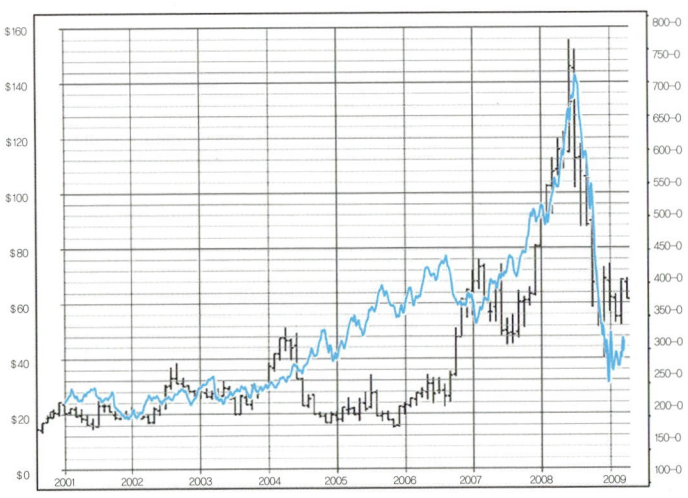

최근의 곡물 가격과 원유 가격 추이 닮은꼴(파란색이 원유가격, 검은색이 옥수수가격)

들이 예전부터 '먹을 것 가지고 장난하지 말라'며 농부의 노력과 먹을거리를 소중히 여겼던 지혜를 생각나게 하는 대목이다.

바이오에너지 전망

여기저기 산재한 유휴지를 이용한 전분질계 또는 지질계 바이오매스의 재배나, 간벌 등에 의한 목질계 바이오매스의 생산은 꾸준히 지속되어야 한다. 그러나 우리나라 석유 사용량의 상당 부분을 대체할 정도의 바이오매스를 수확하기 위해서는 식량 자급율이 25%에 머물고 있는 상황에서 국토의 20%밖에 안 되는 논과 밭을 갈아엎고 바이오에너지 작물을 심을 수는 없는 노릇이다. 따라서 에너지 고갈이 환경보다 절실하여 산림을 개간하는 경우에라도, 우리나라 에너지 소비량의 상당 부분을 대체할 수 있는 바이오에너지의 생산은 국토에서 불가능하다는 것을 계산할 수 있다. 즉, 바이오에너지는 해양이나 사막을 이용해야 진가를 발휘할 수 있다.

현재 지구상에 존재하는 광합성 식물들은 모두 지난 수백, 수천 년간 풍부한 태양에너지를 받으며 진화했고, 때로는 너무나 강한 태양에너지로부터 오히려 광합성계를 보호하는 기작을 만들어냈다. 따라서 현재까지 재배되는 에너지 작물들의 경우에도 태양에너지를 사용하는 효율은 채 1%가 안 된다. 실제 지구상에 존재하는 식물들의 평균 광합성 효율은 0.5% 정도로 보는 견해도 많다.

스위스 메테오테스트 사의 자료에 따르면, 우리나라의 지난 20년간 (1981~2000년) 평균 태양에너지는 1,300~1,400kWh/m² 수준이었다. 이를 생산 가능한 최대 바이오에너지의 양으로 환산하면, 약 1,200TOE/ha/yr의 에너지이다. 즉, 태양에너지를 100% 석유로 변환시킬 수 있다면, 1제곱미터당 1년에 120kg의 원유를 만들어낼 수 있다는 얘기이다. 그러나 광합성의 효율은 자연 상에서 대개 1% 이하이며, 가장 높다는 미세조류도 10%가 넘지 않는 데다 생산된 바이오매스의 30~50% 정도만 바이오에너지로 사용할 수 있기에, 생산 가능한 최댓값은 30~50TOE/ha/yr 정도로 예측된다.

전 세계 많은 나라들이 원자력, 풍력, 조류/조력, 지열/해수 온도차, 태양열/태양광 등 신 재생에

TOE
Ton of Oil Equivalent. 원유 1톤에 해당하는 에너지를 뜻한다.

너지에 대해 연구하는 것은 에너지의 사용이 그만큼 다양하고 광범위 하다는 얘기다. 이와 함께 바이오에너지 연구를 병행하는 것은 액체 연료의 필요성이 중요하기 때문이다. 2008년의 석유 파동을 겪으면서 전분질 등 당질을 사용해서 얻는 제1세대 바이오에너지는 상대적으로 쇠퇴하고 있고, 초본질이나 목질과 같은 제2세대 바이오에너지와 해양 조류와 같은 제3세대 바이오에너지에 많은 관심이 집중되고 있다. 바이오에너지의 상용화 기술을 누가 먼저 확보하느냐에 따라 세계 에너지 시장의 판도가 바뀔 것이다.

수십만 년 전의 이산화탄소 농도와 온도는 어떻게 측정할까?

북극은 대륙이 없어 눈이 오면 계속 녹아 없어지고 다시 쌓이는 과정이 반복되지만, 대륙이 있는 남극은 수십만 년 동안 눈이 계속 쌓여 엄청난 두께의 빙하를 이루고 있다. 그 어마어마한 압력은 매년 빙하를 5cm정도씩 이동시키지만, 빙하의 정상에는 눌리기만 한 부분이 있을 것이다. 이 부분을 시추하면 깊이에 따라 연도를 예측할 수 있으며, 이러한 눈들이 쌓일 때 많은 공기가 섞이게 되므로 시추된 빙하는 많은 기포들을 가지고 있다. 수십만 년 전의 이산화탄소의 농도는 해당되는 깊이에 있는 얼음 속 기포의 이산화탄소 농도를 분석하여 얻어진다. 또한 같은 깊이에 있는 물의 성분을 분석하면 당시의 온도도 예측할 수 있다. 이는 물(H_2O)을 이루는 산소가 ^{16}O와 ^{18}O의 동위원소로 구성되어 있고, 두 산소는 무게가 달라 물의 무게도 약간 다르게 되기 때문이다. 이 차이로 인해 온도에 따라 ^{16}O와 ^{18}O를 가진 두 가지 물의 증기압이 달라진다. 따라서 남극의 빙하 정상을 시추하여 연대에 따라 얇게 썰어낸 후 물의 동위원소 조성을 분석하면 당시의 온도를 예측할 수 있다.

Biotechnology

고분자화합물, 생물의 에너지 축적을 이용하다

📖 음식물의 섭취와 배설

각기병(beriberi)

비타민 B_1 결핍증. 팔다리에 신경염이 생겨 통증이 심하고 붓는 부종이 나타나는 병. 이 병에 걸리면 신경 조직, 특히 팔과 다리의 신경이 약해지고 근육이 허약해지며 심하면 심장병이나 경련이 나타나고 몸이 붓는다. 일반적인 증상으로는 입맛이 없고 늘 피로하며, 소화가 잘 안 되고 팔다리에 힘이 없고 감각이 무뎌진다(beriberi는 팔다리에 힘이 없어진다는 뜻의 스리랑카 말에서 유래하였다). 비타민 B_1(티아민)이 모자라는 어머니의 모유를 먹는 영아는 각기가 급속도로 진행되어 심부전을 일으킬 수도 있다.

음식은 가리지 말고 골고루 먹어야 좋다. 편식을 하면 우리 몸에 필요한 영양소를 충분히 섭취할 수 없기 때문이다. 예전에 배를 타고 오랜 기간 항해했던 선원들은 신선한 채소를 섭취하기 어려웠기 때문에 비타민 B_1이 부족해 각기병에 걸리기도 했다. 아미노산의 경우에도 필수아미노산은 우리 몸에서 합성이 되지 않지만 세포의 신진대사를 위해 필요하므로 음식을 통해 꼭 섭취해야만 한다.

살찌는 것은 어떤 면에서는 영양소를 우리 몸에 축적해놓는 것이다. 음식을 제대로 먹지 못하면 몸이 마르고, 심하면 죽게까지 되는 것이다. 음식을 많이 먹더라도 충분히 운동하여 에너지를 소모하면, 그래서 섭취한 에너지보다 소모한 에너지가 많으면 살이 찌지 않는다. 그러나 운동량이 적거나 나이 들어 활동성이 떨어지면 일반적으로 배가 나오는 등 살이 찌는데, 이것은 남는 에너지를 지방으로 만들어 몸에 저장하기 때문이다. 미생물을 포함해 다른 동물들도 마찬가지이다. 사람은 스스로는 살이 찌는 것을 싫어하면서 미생물이 살이 찌는 성질(에너지 축적)을 이용해 다양한 물질을 만들어내고 있다.

자신의 무게만큼 에너지를 축적하는 미생물

우리가 섭취하는 영양소를 구성 원소로 보면 탄소원, 질소원, 무기염류원 등으로 나눌 수 있다. 탄수화물은 탄소, 수소, 산소로 이루어져 있어 주로 탄소원이라고 하며, 단백질은 탄소, 수소, 산소, 질소로 되어 있어 탄소원이면서 질소원이 된다. 암모니아는 질소, 수소로 되어 있어 주로 질소원이다. 질소원은 생명체가 성장하고 유지하는 데 필요한 효소 등의 단백질을 합성하는 데 꼭 필요하다. 그리고 생물체가 성장하는 데는 탄소원, 질소원 등의 영양소가 균형 있게 공급되어야 한다.

미생물은 탄소, 질소, 산소 등이 충분하면 증식을 한다. 미생물 중에서도 박테리아는 하나가 두 개가 되고, 다시 두 개가 네 개가 되고 2^n으로 증식한다. 그러다가 영양분이 없어지면 증식을 멈춘다. 그런데 질소원은 없는데 탄소원이 충분하면 미생물로서는 탄소원을 세포 안에 저장해놓고 싶어한다. 그러면 질소원이 다시 생겼을 때 계속 증식할 수 있기 때문이다. 그래서 이런 경우 몇몇 박테리아는 외부에 있는 탄소원을 이용하여 세포 안에 에너지 형태로 탄소원을 저장해놓는다. 대표적인 것이 PHB(poly hydroxybutyrate)라고 하는 폴리에스테르 계열의 고분자화합물이다. 이들 세포는 자기 무게의 80~90%까지도 PHB 고분자를 축적할 수 있다.

자연에서 분해되는 고분자로 거듭나다

1940년대 인류가 나일론 등 고분자화합물을 만들어 사용하기 시작했을 때 생물학자들은 미생물로부터 새로운 고분자화합물을 찾아냈다. 흥분된 순간이었다. PHB 고분자는 좋은 물성을 가지고 있어서 여러 가지 용도로 실용화하는 방안을 연구하고 있었는데, 그러던 중 PHB 고분자가 자연에서 시간이 경과하면 서서히 분해된다는 것을 알게 되었다. 분해가 되니, 그것으로 무엇을 만들기에는 적당치 않은 것이다. 과학자들의 흥분은 곧 실망으로 바뀌었다.

하지만 고분자화합물로 만든 플라스틱 제품을 사용하고 버린 경우, 자연계에서 썩지 않아 많은 환경 문제를 일으켰다. 그러면서 1980년

PHB   폴리락타이드

대에 들어와 자연에서 분해 가능한 생분해성 고분자에 대한 관심이 다시 증가하였다. 그리하여 PHB는 자연계에서 썩는 플라스틱으로 다시 태어났다.

특히 우리 몸 안에서 수술하고 봉합하는 데 사용되는 봉합사의 경우 몸에서 분해되어야 하므로, 생분해성 고분자화합물은 꼭 필요하다. 최근에는 PHB 외에도 폴리락타이드(polylactide) 등 많은 고분자화합물이 이러한 목적으로 사용되고 있다.

미생물을 이용하여 생산되는 플라스틱은 원유로 만드는 플라스틱에 비해 지구 환경 보전에 좋은 효과가 있다. 즉 원유 등의 화석 연료에서 만들어지는 플라스틱은 사용한 다음 버리면 썩지 않아 환경에 문제가

옥수수로 만든 플라스틱, 폴리락타이드로 만든 제품들

생기고, 연소시키면 최종적으로 이산화탄소가 배출된다. 이에 반해 미생물로부터 만들어지는 플라스틱은 미생물을 배양하는 과정에서 자연

계에 존재하는 식물 유래 영양소를 공급한다. 이는 식물이 대기 중의 이산화탄소를 광합성에 의해 고정화한 것이므로 최종적으로 연소시키는 과정에서 이산화탄소가 배출되더라도 원료까지 고려하면 순수한 이산화탄소 배출은 거의 없다고 할 수 있다. 또 사용하고 버려도 자연계에서 분해되므로 무엇보다 환경 친화적이다.

고분자화합물(high molecular compound)

분자량이 극히 큰(보통 1만 이상) 화합물을 말한다. 일명 고중합체(高重合體)라고도 한다. 처음에는 유기고분자화합물에 한정되었으나, 최근에는 공유결합성을 지닌 무기고분자화합물까지 넓어졌다. 일상생활과 관계가 깊은 것이 많은데, 예를 들면 단백질을 비롯해서 녹말·셀룰로스(섬유소) 등은 천연으로 존재하는 고분자화합물들이고, 나일론·테트론 등의 합성섬유나 베이클라이트·폴리염화비닐(PVC)·폴리에틸렌·스타이로폼 등은 합성고분자화합물들이다. 고분자화합물은 독일어 hochmolekulare verbindung에서 나온 말로서, 1930년대 초반에 H. 슈타우딩거가 천연고무나 셀룰로스가 분자량이 큰 분자로 구성되어 있음을 밝힌 데서 명명되었다. 그 이후로 주목을 끌어 천연으로 존재하는 고분자화합물의 성질이 밝혀짐에 따라 단위체라 불리는 간단한 저분자로부터 고분자화합물을 합성할 수 있게 되었다.

JUMP IN LIFE 02 단것을 먹어도 살이 찌지 않는 법

📖 음식물의 섭취와 배설

우리가 먹는 음식물에는 여러 가지 영양소가 들어 있다. 영양소는 우리 몸을 구성하거나 에너지로 이용되는 주영양소와 몸의 기능을 유지하는 데 사용되는 부영양소로 나눌 수 있다. 주영양소에는 탄수화물, 단백질 및 지방이 있고, 부영양소에는 비타민, 무기염류와 물이 있다. 음식을 골고루 섭취해야 건강한 신체를 유지하고 활력 있는 생활을 할 수 있다. 그런데 영양소를 너무 많이 섭취하거나 적게 섭취하면 어떻게 될까? 뚱뚱하거나 또는 몸이 비쩍 마른 이들로부터 그 결과를 익히 짐작할 수 있다. 음식을 많이 먹고도 날씬한 몸매를 유지할 수는 없을까? 이를테면 단것을 마음껏 먹고도 살로 안 가게 할 수는 없을까?

왜 단것이 먹고 싶을까?

우리는 단것을 좋아한다. 달콤한 음식의 주성분은 탄수화물이다. 꿀이 제일 단 음식인데, 주성분이 과당으로서 단당류이다. 그래서 우리 몸 안에서 빠르게 분해되어 에너지원으로 이용된다. 설탕은 우리 몸 안에서 과당과 포도당으로 분해되어 이용된다. 꿀이나 설탕은 밥이나 고기에 비해 쉽게 분해, 흡수되므로 빠른 시간 내에 에너지원으로 활용될 수 있다. 그래서 피곤할 때는 예로부터 꿀물을 마셨고, 초콜릿이나 사탕 등 단것이 입에 당기는 것이다. 빨리 에너지원을 보충해야 하기 때문이다.

하지만 단것을 많이 먹으면 결과적으로 우리 몸 안에 영양분이 많이 공급되므로, 비만으로 연결될 가능성도 크다. 또 음식물 찌꺼기가 치아 사이에 남아 있으면, 치아에 붙어 사는 미생물이 포도당 등으로 분해할 때 나오는 유기산에 의해 치아가 썩게 된다. 당뇨병 환자의 경우에도 단것을 많이 섭취하면 문제가 생긴다.

단것은 맛이 있다. 그래서 누구나 생각하게 마련이다. 달고 맛있는 음식을 많이 먹어도 몸에 문제가 생기지 않으면 얼마나 좋을까 하고.

살찌지 않는 감미료

음식에 단맛을 내는 것을 감미료(sweetener)라고 한다. 인류는 비만이나 당뇨병 등 몸에 문제가 생기지 않되, 단맛을 내는 감미료를 만들었다. 그중 하나가 아스파탐(aspartame)이다. 아스파탐은 한 과학자가 아미노산을 몇 개 결합하여 의약품을 합성하는 과정에서 우연히 찾아낸 것이다. 아스파르트산과 페닐알라닌이라고 하는 두 개의 아미노산이 결합된 아스파탐은 설탕에 비해 약 200배 정도의 단맛을 낸다. 그에 비해 열량은 설탕의 200분의 1이다. 그래서 아주 극소량으로도 단맛을 내고, 분해되어도 아미노산으로 되기 때문에 살이 찌거나 치아가 썩을

인공감미료가 든 제품들

염려가 없으며, 당뇨병 환자도 안심하고 단맛을 즐길 수 있다.

또 다른 인공 감미료로 자일리톨(xylitol)이 있다. 나무의 구성 성분의 하나인 자일로스(xylose)를 한 단계 반응시켜 얻어지는 자일리톨의 감미도는 포도당과 비슷하다. 특히 자일리톨은 입 속에서 녹을 때 열을 흡수하여 시원함을 느끼게 한다. 또 입 속에 사는 미생물이 분해할 수 없기 때문에 치아가 썩지 않는다. 그래서 최근에는 우리가 씹는 껌에 넣는 감미료로 많이 쓰이고 있다.

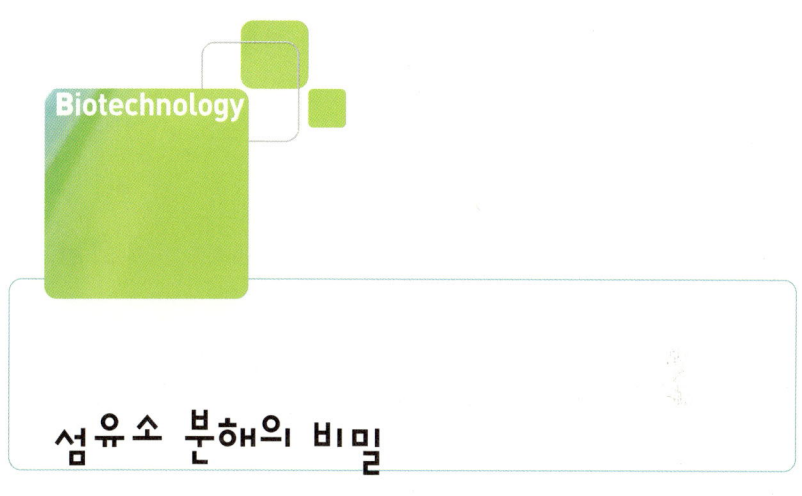

섬유소 분해의 비밀

📖 음식물의 섭취와 배설

 우리가 섭취한 음식은 대부분의 경우 여러 단계의 소화 과정을 통해 작은 물질로 분해되어 이용된다. 소화 과정에 작용하는 소화액 속에는 여러 종류의 효소가 존재하여 음식물을 분해하는 역할을 한다. 소화 효소는 우리가 섭취한 모든 음식물을 분해할 수 있을까? 그렇지는 않다. 예를 들면 우유 속의 당(젖당)은 분해시킬 수 있는 사람도 있고, 분해시키지 못하는 사람도 있다. 또 사람의 경우 섬유소(셀룰로스)는 분해시킬 수 없으므로 몸 밖으로 배출된다.
 그러면 동물은 어떠할까? 초식동물은 섬유소를 분해시킬 수 있다.

단당류, 2당류, 다당류

단당류는 더 이상 가수분해되지 않는 가장 간단한 구조의 탄수화물 단위체이다. 탄소 수에 따라 탄소가 5개인 오탄당, 탄소가 6개인 육탄당 등으로 분류한다. 대표적인 오탄당으로 리보스(ribose), 자일로스(xylose)가 있고, 육탄당으로 잘 알려진 것이 포도당(glucose), 갈락토스(galactose), 과당(fructose)이다.

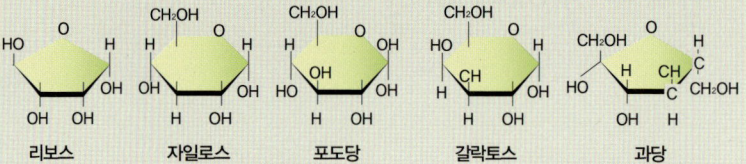

| 리보스 | 자일로스 | 포도당 | 갈락토스 | 과당 |

이당류는 이러한 단당류 2개가 결합하여 존재하는 탄수화물 단위체이다. 엿당(maltose)은 포도당 2분자가 결합한 것이고, 젖당(lactose)은 포도당 한 분자에 갈락토스 한 분자가 결합한 이당류이다. 설탕(sucrose)은 포도당 한 분자에 과당 한 분자가 결합되어 만들어진 것이다.

이렇게 단당류 분자 수만 개가 연쇄적으로 결합하여 형성된 탄수화물 형태가 다당류이다. 다당류는 크게 녹말, 글리코겐, 셀룰로스 등으로 구분된다. 녹말은 포도당으로 구성되어 있으며 대부분의 식물 세포가 이 형태로 에너지를 저장한다. 글리코겐 역시 포도당으로 구성되어 있는데 녹말에 비하면 곁가지가 많다. 글리코겐은 동물의 간이나 근육에 존재하면서 인슐린이나 글루카곤처럼 혈당을 조절하는 호르몬에 의해 분해되거나 다시 합성된다. 셀룰로스는 포도당으로 구성되어 있는데, 인체는 이것을 분해할 효소를 가지고 있지 않아 장에서 흡수되지 않고 그대로 배출된다.

섬유소를 분해시키기 위한 셀룰라아제(cellulase) 효소를 만들 수 있기 때문이다. 그래서 초식동물은 우리가 밥을 먹고 살듯이 풀만 먹고도 살 수 있다.

소화 효소를 실생활에 이용할 수 있을까? 음식물을 소화시키는 소화제로, 세제로 사용되는 효소도 있고, 전분을 포도당으로 전환시켜 여러 가지 용도로 활용하는 등 효소는 많은 용도로 이용되고 있다. 섬유소를 분해시키는 셀룰라아제 효소는 풀이나 나무로부터 바이오에너지를 만드는 데에도 사용된다.

풀과 나무로 바이오에탄올을 만들다

우리는 오래전부터 쌀, 고구마 등으로 술을 만들었다. 술(에탄올)은 기호품이자 동시에 소독약으로도 사용된다. 쌀이나 고구마의 주성분은 녹말로, 녹말을 효소(amylase)로 분해하면 포도당이 얻어진다. 그리고 포도당은 효모(yeast)라는 미생물에 의해 에탄올로 되는 것이다. 사탕수수(sugarcane)는 주성분이 설탕(sucrose)이고 이것은 효소(invertase)에 의해 포도당과 과당으로 되고, 여기에 효모를 배양하면 에탄올이 얻어진다. 또 포도의 주성분도 설탕(sucrose)이므로 마찬가지로 포도로도 에탄올을 만들 수 있다.

지금까지는 주로 술로 사용되어왔으나, 최근 지구온난화에 따른 이산화탄소 감축의 필요성에 따라 바이오에너지로서 에탄올의 중요성이 커지고 있다. 지구 상의 화석 연료, 즉 석탄이나 석유를 연소시키면 이

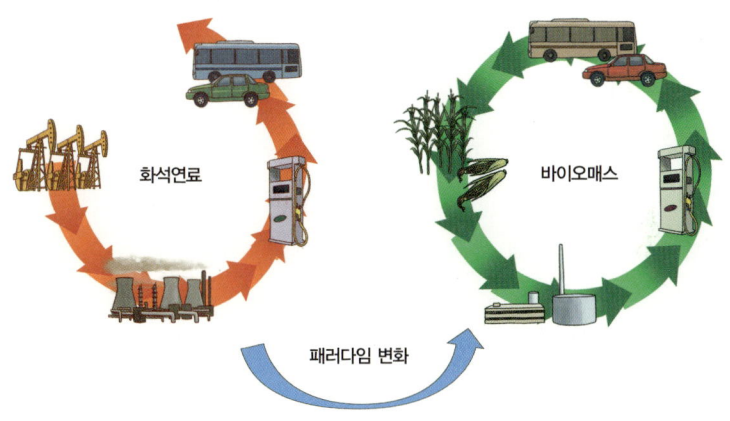

바이오매스 이용에 의한 이산화탄소의 순환

산화탄소가 생성되어 대기 중으로 배출되어 지구 상의 이산화탄소 농도가 증가하는 것이다. 이에 반해 식물은 대기 중의 이산화탄소를 광합성에 의해 탄수화물로 합성하게 된다. 이러한 식물 유래 탄수화물로 에탄올을 만들어 연소시키면 이산화탄소가 나오게 되는데, 전체적으로는 지구 상의 이산화탄소가 순환하게 되는 것이므로 순수 이산화탄소 배출은 거의 없는 셈이 된다.

그러나 녹말, 사탕수수 등은 식량이기도 하므로 이를 이용해 에탄

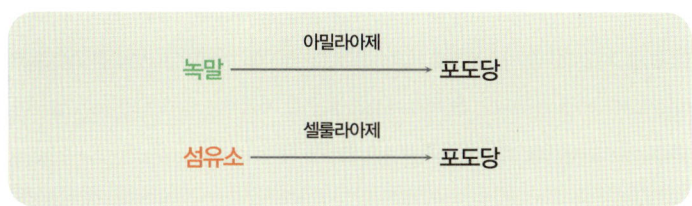

올을 만들다 보면 수요·공급의 원칙에 따라 식량 가격이 올라가게 되고, 이는 다시 지구촌의 가난한 이들을 더욱 어렵게 할 수 있다. 그래서 식량이 아닌, 나무나 풀로 에탄올을 만드는 연구가 활발히 수행되고 있다. 즉 풀과 나무의 주성분은 섬유소(cellulose)로서 섬유소 가수분해 효소(셀룰라아제)에 의해 포도당으로 분해된다.

섬유소를 효소를 이용해 가수분해시킨 포도당에 효모를 배양하면 같은 방식으로 에탄올이 만들어진다. 외국에서는 가솔린에 에탄올을 10% 정도 혼합한 가소홀(gasohol : gasoline과 alcohol의 복합어)을, 아니면 100% 에탄올을 자동차 연료로 사용하고 있다. 이러한 풀, 나무로부터 에탄올을 생산함으로써 새로운 친환경 에너지 산업을 발전시킬 수 있다. 또한 이것은 지구 환경을 보전하는 좋은 방법의 하나가 된다.

알코올 연료 자동차

알코올 연료 자동차는 오일 쇼크 당시에 석유에 의존하지 않는다는 점에서 크게 주목받았다. 가솔린에 10~20%의 알코올을 혼합하여 만든 가소홀이나 사탕수수에서 정제한 에탄올은 자동차 연료로 널리 보급되어 있다. 또 천연 가스에서 얻은 화학 원료로서 메탄올도 자동차용 연료로 이용할 수 있다. 이러한 알코올 연료 자동차는 배기가스가 깨끗한 것이 가장 큰 장점이므로 환경오염에 대한 대책이라는 측면에서도 크게 기대되고 있다. 알코올 연료 자동차의 확산을 가로막는 가장 큰 걸림돌은 석유류보다 비싼 가격이다. 전 세계에 알코올 연료 자동차는 약 300만 대에 달하며, 브라질에서는 에탄올 연료 자동차가 실용화되어 있다.

요구르트는 식품일까, 약일까?

📖 음식물의 섭취와 배설

　내년에 대학 입시를 앞둔 형철은 요즘 시도 때도 없이 살살 아파오는 아랫배 때문에 고민이 이만저만 아니다. 친구들이나 주위 사람들은 입시 스트레스 때문이라고들 한다. 자주 얼굴을 찡그리는 형철을 데리고 병원에 간 엄마는 의사에게 과민성 대장염이라는 진단을 듣는다. 약을 먹어야 하느냐는 질문에 의사는 그리 심하지 않으면 음식을 잘 먹고 스트레스를 덜 받도록 하면 괜찮아질 거라고 이야기한다. 약 먹기를 싫어하는 형철에게 약을 먹지 않아도 된다는 말은 반갑지만 다시 살살 아파오는 배가 부담스럽다.

저녁 시간, TV를 보던 형철은 변비, 설사 등을 완화시켜주는 새로운 요구르트를 개발했다는 어느 식품 회사 소식에 눈이 번쩍 뜨인다. 저걸 먹으면 좀 나아지지 않을까? 그 요구르트를 먹어서 설사가 가라앉고 속이 편해진다면, 이것은 약일까 식품일까?

답은 기능성 식품이다. 즉 치유, 예방 등의 건강 향상 기능이 있는 식품이다. 이 요구르트의 원리는 의외로 간단하다. 원래 우리의 대장에는 수십, 수백 가지 종류의 장내 세균이 살고 있다. 이 균들 중에 평상시보다 많아지면 장에 탈이 나는 균도 있고, 또 어느 선을 유지하고 있으면 장이 건강한 균도 있다. 따라서 건강할 때 장의 주요 세균을 잘 유지하는 것이 장의 건강을 지키는 방법이다. 만약 장의 건강을 지켜주는 유익한 균을 우리가 외부에서 공급해준다면 어떨까? 그것도 먹기 쉬운 요구르트 형태라면 더욱 좋지 않을까?

요구르트, 유산균, 오래 살고 싶은 꿈

실제로 장에서 분리한 유산균 중에는 이러한 기능을 하는 균이 많다. 이 균을 가지고 요구르트 형태로 만들어서 장에 공급하면 균형이 깨져버린 장의 세균을 원상회복시키는 데 도움을 준다. 마치 적군과 전투를 벌이는 전쟁터에서 아군 보충병을 계속 공급해주는 것과 비슷하다. 공급된 유익한 균은 설사를 일으키는 균의 과도한 성장을 억제하여 살살 아파오는 배를 다시 건강한 배로 돌려주는 역할을 하게 된다. 요구르트 균을 공급할 때 최종 목적지인 장까지 무사히 도달하게 하기 위해서는 위를 통과해야 하는데, 위에는 강한 산이 나와서 소화를 돕기 때문에 강산에 견디도록 유산균 등을 캡슐 같은 곳에 넣어서 보호막을 하기도 한다.

요구르트는 주로 유산균이라는 균을 가지고 만든다. 우유에 유산균을 넣고 유산균이 자랄 수 있는 환경, 즉 25~35도 정도의 온도에서 하루 정도 지나면 액체 형태의 우유가 끈적끈적한 형태의 요구르트, 즉 발효 우유가 된다. 이때 우유 내의 젖당 등이 유산균에 의해 유산으로 변하는 발효 과정을 거치게 된다. 이 유산은 장내에서 유해균의 성장을 억제하기도 한다.

아주 오래전부터 우유를 가지고 다니던 유목민들은 우유가 시큼시큼해지면서 엉겨 순두부 형태가 되는 것을 보고 그냥 놔두어도 그 맛이 잘 변하지 않는 것을 알고 있었다. 이때 이미 요구르트를 먹었다는 이야기다. 그때부터 생물, 즉 유산균을 이용한 제품이 나오고 있었던 셈이다.

러시아 미생물학자 메치니코프.
동물의 체내에서 이 물체들을 삼키는 세포를 발견하여 1908년 P. 에를리히와 함께 노벨생리의학상을 받았다. 말년에는 사람의 수명을 연장시킬 수 있는 방법이라고 믿은 젖산균 연구에 전념했다.

대부분의 식품 관련 제품들이 그렇지만 오래전부터 먹어왔던 것이 최근 들어 그 원리가 밝혀졌다. 우유를 발효시키면 요구르트가 된다는 것도 예전부터 유목민들은 알고 있었지만, 이 요구르트가 과연 장, 또는 사람의 건강, 혹은 수명에 좋은가를 밝혀낸 사람은 러시아의 미생물학자 메치니코프

(Ilya Ilich Mechnikov, 1845~1916)이다. 이 사람은 우리나라의 한 요구르트 회사 광고에도 자주 등장한다. 메치니코프는 불가리아의 장수촌 사람들이 요구르트를 많이 먹는 것을 연구해서 장내에 유산균이 존재하고 그런 이유로 장수하게 된다는 연구 논문으로 노벨의학상을 받았다. 물론 광고에서는 이 사람이 분리해낸 유산균을 사용해서 자기 회사의 요구르트를 만들었다고 이야기하고 있다. 아마 그 광고를 본 사람은 요구르트만 먹으면 100세가 훌쩍 넘는 불가리아 할머니처럼 될 거라고 은연중 믿으면서 요구르트를 먹을 것이다. 정말 사람들은 오래 살고 싶어한다. 장수하고픈 마음, 이것이 생물체를 이용한 연구, 즉 생명공학의 가장 큰 목표이기도 하다.

식품의 세 가지 기능

요구르트는 우리가 먹는 먹을거리, 즉 식품 중의 하나이다. 잠시 어제 형철이가 먹은 음식을 한번 살펴보자. 아침은 흰 쌀밥을 먹었고 점심에는 칼국수 그리고 간식으로 초콜릿과 커피, 저녁에는 살살 아픈 배를 위해서 요구르트를 먹었다. 밥, 초콜릿, 요구르트, 이 세 가지는 식품의 다음 세 가지 기능을 각각 대표한다.

형철은 쌀밥과 칼국수를 허기진 배를 채우기 위해 먹었다. 즉, 우리 몸에 필요한 기본적인 연료를 공급한 셈이다. 이것이 없으면 사람은, 아니 모든 동물은 살 수 없다. 우리가 무언가를 먹는 가장 큰 이유 중의 첫 번째인 에너지 공급의 목적이다. 오래전부터 사람들은 살아남기 위해서 사냥을 했다. 사슴을 사냥한 것은 지금처럼 사냥의 즐거움을 맛보기 위함도, 또는 박제하여 벽에 걸어놓기 위한 것도 아닌 순수한 식량으로서 사슴 고기가 필요해서였다. 하지만 사냥의 시대는 지나갔다. 이제 집을 짓고 정착하면서 사람들은 먹을 것을 다시 찾아야 했고 고구마, 감자, 벼 등을 심고 가꾸면서 배를 채우기에 성공했다. 사슴 고기, 고구마, 감자, 벼 모두 살기 위한 식품이다. 에너지 공급원으로서 식품의 1차 기능인 셈이다.

하지만 형철이가 먹은 커피나 초콜릿은 주린 배를 채우기 위한 식품이 아닌 건 분명하다. 형철은 달콤한 입맛을 위해 초콜릿을, 그리고 입 안에 가득히 퍼지는 향기를 위해서 커피를 마셨을 것이다. 이런 식품은 살기 위해서가 아닌 일종의 취미 생활로서의 먹을거리이다. 사람들이 배가 부르고 나자 이제는 혀의 미각을 위해서 찾기 시작한, 식품의 두 번째 역할인 맛을 내는 식품의 2차 기능인 셈이다.

셋째로 형철이 먹은 요구르트는 배가 부르게 하는 식품으로서의 1차 기능보다는 건강을 위하여 먹는, 이른바 건강 증진 목적의 식품 즉 기능성 식품이다. 이 세 번째 기능을 가진 식품, 즉 기능성 식품이라는 말이 생긴 것은 최근의 일이다. 물론 요구르트의 경우처럼 아주 오래 전부터 먹어왔던 것도 있지만, 그 효능이 밝혀지면서 더욱 이런 식품을 찾는 경향이 높아졌다. 바야흐로 건강해지기 위해 무언가를 먹는 시대가 온 것이다. 물론 기능성 식품이 병을 당장 치료하는 기능이 있는 것은 아니다. 몸이 아프다면 우선 병원에 가서 치료를 받아야 한다. 그 후에 이런 종류의 식품을 섭취함으로써 몸을 좋은 상태로 유지하여 자연치유력과 방어력을 높이는 것이 기능성 식품의 주요 역할인 것이다.

아프거나 혹은
기능성 식품을 먹거나

　기능성 식품은 이제 법으로 제정되어 그 식품이 기능성이 있는가를 확인한 후에 허가한다. 즉 어떤 식품이 건강 증진에 구체적으로 어떤 역할을 하는지가 밝혀져야만 기능성 식품이라고 부를 수 있고, 표시할 수 있으며, 또 그렇게 광고할 수 있다. 물론 기능성 식품이기 때문에 먹을 수 있는 형태가 되어야 한다. 그러니까 약은 환자가 아플 때에만, 치료하기 위하여 먹거나 맞는 것이라면, 기능성 식품은 일반인이, 평상시에, 아프지 않게, 건강을 나아지게 하려고 늘 먹는 것이라고 할 수 있다.

　현재까지 알려지고 등록된 기능성 식품의 종류는 20가지가 넘는다. 간 기능 개선, 당뇨 개선, 비만 치료, 콜레스테롤 저하, 치매 예방 등등……. 또한 이런 기능을 가진 식품, 소위 기능성 식품으로 인정을 받은 원료 식품 또는 이를 가공한 식품은 상당히 많다.

　에스키모들은 주로 고기를 많이 먹는다. 추운 날씨 때문에 채소를 키우기도 힘들지만 얼음이 뒤덮인 바다에서 얻을 수 있는 주요 먹을거리는 생선 등이다. 하지만 신기하게도 이들은 많은 고기 섭취로 인한 건강 문제, 예를 들면 고지혈증으로 인한 심장병이라든지 뇌혈관 막힘 등의 문제가 다른 지역에서 소고기 등을 먹는 사람보다 적다. 연구 결과 그 이유는 등푸른생선 등에 많이 들어 있는 불포화지방산 때문으로

에스키모들이 고기를 주로 먹는데도 심장병이나 혈관계 질환에 잘 걸리지 않는 것은 등푸른생선에 들어 있는 불포화지방산 때문이다.

밝혀졌다. 이런 연유로 등푸른생선 등에서 뽑아낸 불포화지방산이 함유된 제품이 기능성 식품으로 많이 팔리고 있다. 그러니 불포화지방산이 포함된 기능성 식품을 늘 먹는 사람은 심장병 방지 목적으로 약이 아닌 식품을 먹는 셈이다.

이제 사람들은 몸이 시원찮으면 병원이나 약국으로 달려가는 것이 아니라 식품점으로 가서 몸에 좋다는 식품을 찾아 먹는 세상이 되었다. 생물을 배운다는 것은 어떻게 살아 있는 생물체가 외부로부터 영양분을 섭취하여 에너지를 내고, 성장하는가를 배우는 것이다. 또한 외부에서 침입하는 병원체로부터 방어하거나 혹은 스스로 노화해가는 신체의 기능을 높이는 방법을 배우기도 한다. 따라서 기능성 식품의 원리를 이해하고 이를 생산해내는 방법, 즉 식품 분야의 생명공학은 먹고사는 데 더없이 중요한 분야라고 할 수 있다.

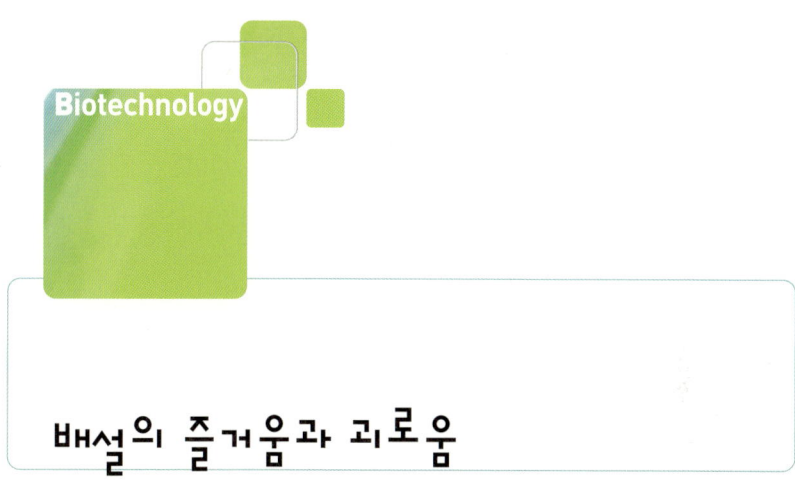

배설의 즐거움과 괴로움

📖 음식물의 섭취와 배설

　매일매일 정상적으로 배설하며 살아가는 것은 보통 사람들이 잊기 쉬운 커다란 행복 중 하나이다. 만원의 지하철이나 버스 속에서 배가 아파 설사가 나오려 하면 그야말로 죽을 지경이다. 대소변을 억지로 참으며 고통을 당하다가 화장실에 가서 그 고통을 단번에 해결했을 때의 뿌듯한 행복감을 누구나 한 번쯤은 경험해보았으리라. 사찰에서는 화장실을 근심을 푸는 장소라는 뜻으로 해우소(解憂所)라고 부르는데, 그 내력을 모른다 하더라도 매우 적절한 표현임에는 틀림이 없는 듯하다. 특히 설사나 변비로 고통을 당하는 사람들은 정상적인 배설의 소중함을 누구보다도 잘 알고 있을 것이다. 설사와 변비는 왜 일어나는 것일까? 당연히 대변 속의 수분 함량과 관련이 있다. 수분 함량이 너무 높으면 설사가 되고, 너무 낮으면 변비가 된다.

우리 몸속에서 물이 이동하는 경로

몸속에서의 물의 이동은 삼투압과 관련이 있다. 이것을 이해하기 위해서는 우리가 이미 잘 알고 있는 삼투압에 대해 잠시 생각해볼 필요가 있다. 삼투압을 설명할 때는 으레 그릇에 소금물과 물이 반투과성 막으로 분리되어 담긴 경우를 예로 들어 설명한다. 이 경우에 물이 반투과성 막을 통과하여 소금물 쪽으로 옮겨 가려 하는데, 이때 발생하는 압력을 삼투압이라 한다. 이때 물은 염분을 묽히려고 이동한다. 다시 말해서 물이 염분이 있는 쪽을 따라서 이동해 가는 현상이 발생

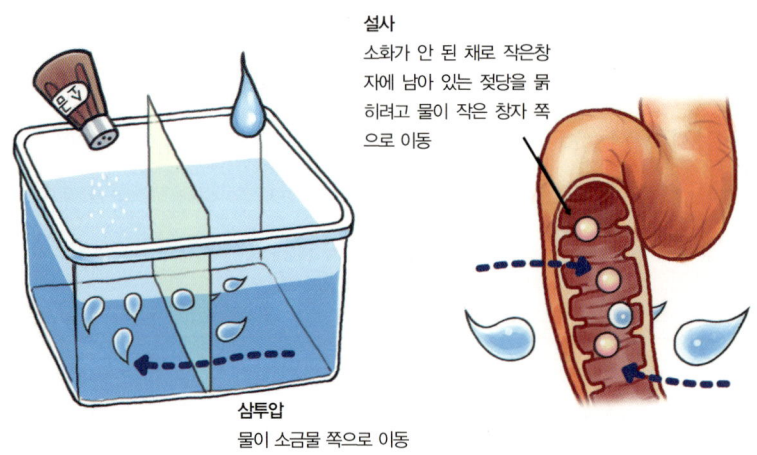

설사
소화가 안 된 채로 작은창자에 남아 있는 젖당을 묽히려고 물이 작은 창자 쪽으로 이동

삼투압
물이 소금물 쪽으로 이동

한다.

　이와 같은 원리에 의해 인체 내에서 물은 용질의 농도가 높은 쪽으로 이동해 간다. 즉, 물은 인체 내에서 용질의 농도가 높은 곳을 찾아다니며 용질을 묽힘으로써 한사코 용질의 농도를 낮추려고 한다. 이와 같은 원리에 기인한 현상으로서 우유를 마시면 설사가 나는 예를 살펴보자.

우유를 마시면 설사하는 사람들

　우유를 마시면 설사를 하는 사람들이 있다. 우유 속에 들어 있는 당분인 젖당을 분해하는 효소가 결핍되어 있기 때문이다. 대부분의 백인들에게는 이런 문제가 발생하지 않으나, 선천적으로 젖당분해효소가 부족한 동양인이나 흑인들은 이런 문제가 빈번히 발생한다. 젖당 분해 효소(lactase, 락타아제)는 젖당의 존재 하에서 그 생산이 유도되므로, 우유를 마시면 설사를 하는 사람일지라도 우유를 지속적으로 마시면 우유 속의 젖당이 젖당 분해 효소의 생산을 유도하여 이 문제가 해결될 수도 있다. 하지만 우유만 마시기만 하면 당장 설사가 나니 이를 감수하며 지속적으로 마시기란 결코 쉬운 일이 아니다. 그러면 우유를 마시면 설사를 하는 이유는 무엇일까?

　우유를 잘 소화시키는 사람의 경우에는 작은창자에서 젖당 분해 효소에 의해 젖당이 더 작은 분자들(포도당과 갈락토스)로 분해되어 창자벽의 실핏줄 속으로 흡수되어 그 영양분이 온 몸으로 전달되어 아무 문제가 없다. 그러나 젖당 분해 효소가 결핍된 사람의 경우에는 젖당이 소화가 안 된 채로 작은창자에 그대로 남아 있으므로 우리 몸에 있는 물이 젖당이 있는 작은창자로 몰려들게 된다. 이는 앞에서 삼투압을 설명한 것과 같이 마치 물이 소금물 있는 쪽으로 몰려드는 것과 같은 현상이다. 이렇게 과도한 물이 작은창자로 몰려듦으로써 설사가 발생하게 된다.

설사의 원리를 이용한 변비 치료

우유를 마시면 설사를 하는 사람들의 경우에는 설사뿐만 아니라 방귀도 함께 나오는 것이 보통이다. 소화가 안 된 채로 작은창자에 남아 있는 젖당은 창자의 연동작용에 의해 점점 밀려서 큰창자에 도달하게 된다. 큰창자에는 대장균을 비롯하여 수많은 장내 세균이 기거하고 있다. 이들 장내 세균들에게 젖당은 좋은 먹잇감이 된다. 장내 세균들은 젖당을 섭취하여 왕성한 대사 작용을 하면서 가스를 발생시킨다. 이로 인하여 설사와 함께 방귀도 자주 나오게 되고 고통은 더해질 수밖에 없다.

또한 설사 때문에 고통을 받기도 하지만 이와 반대의 경우로 고통을 받기도 한다. 바로 변비이다. 이 경우에는 설사의 원리를 이용해 고통을 완화시킬 수 있다. 즉, 창자 내로 물이 몰려들게 하는 방법이다. 이를 위해 사용되는 것이 마그네슘 이온이다. 마그네슘을 섭취하면 창자 내의 이온 농도가 높아지고 이를 묽히기 위해 몸속의 물이 창자 쪽

으로 이동해 나옴으로써 변비의 고통이 완화된다. 이 모든 것이 용질을 이용해 삼투압의 방향을 조절함으로써 물이 이동해 가는 방향을 조절하는 원리이다.

효소를 이용해
설사와 방귀를 방지한다

우유만 마시면 설사를 하는 사람들을 위해 이런 문제가 없는 우유가 개발되어 시판되고 있다. 즉, 젖당 분해 효소가 들어 있는 우유이다. 이런 우유를 담고 있는 용기에 깨알같이 적힌 성분들을 유심히 들여다보면 젖당 분해 효소가 들어 있음을 알 수 있다. 혹은 이 효소를 따로 구입하여 유제품을 먹을 때 함께 복용함으로써 속이 불편한 것을 막을 수 있다. 젖당 분해 효소는 미생물을 배양함으로써 대량 생산이 가능하다.

우유뿐 아니라 콩이 들어 있는 음식을 많이 먹어도 방귀가 자주 나온다. 콩은 갈락토스(galactose)가 포함된 탄수화물로 구성되어 있는데, 우리 몸은 이런 종류의 탄수화물을 분해하는 효소가 결핍되어 있기 때문이다. 이로 인해 콩 속의 탄수화물은 작은창자에서 분해되지 않고 큰창자로 이동하게 된다. 이것은 큰창자에 서식하고 있는 대장균에게는 아주 반가운 음식이다.

우유만 마시면 설사하는 사람들을 위해 락타아제가 함유된 유제품도 나와 있다.

대장균은 이것들을 분해하여 섭취하고 대사 작용을 하는 과정에서 가스를 발생시키고, 이것이 방귀가 되어 나오는 것이다. 이와 같은 방귀의 발생을 막기 위해 갈락토스가 포함된 탄수화물을 분해하는 효소(α-galactosidase)가 생산되어 시판되고 있다.

멕시코 음식에는 콩이 많이 들어 있다. 멕시코 음식을 먹다가 데이트 도중에 방귀가 나와서 당황하는 모습은 미국 드라마에서 종종 등장하는 장면이다. 하지만 데이트 전에 이 효소를 복용한다면, 분위기 있는 멕시칸 레스토랑에서 데이트를 즐기다가 무안한 일을 당하는 일은 없을 것이다.

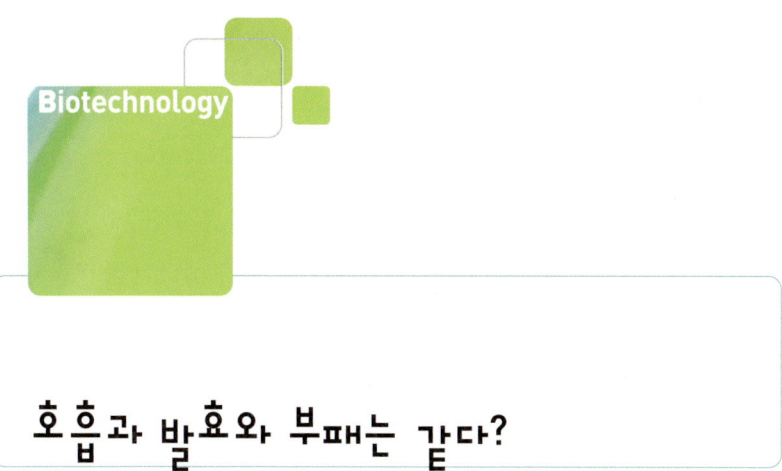

호흡과 발효와 부패는 같다?

호흡과 순환, 세포 호흡과 에너지

 모든 물질이 움직이거나 작동하기 위해서는 에너지가 필요하다. 핸드폰이 작동하기 위해서는 배터리가 필요하고, 자동차가 움직이기 위해서는 휘발유나 경유가 필요하며, 가전제품을 사용하기 위해서는 전기에너지가 필요하다. 생명체도 마찬가지로 다양한 생체 활동을 지속적으로 유지하기 위해서는 에너지가 반드시 필요하다. 광합성을 하는 식물 및 일부 미생물들은 태양에너지로부터 생체 활동에 필요한 에너지를 공급 받는다.

 그러면 우리 인간은 어떻게 에너지를 얻을까? 또 다른 생명체들은 어떻게 에너지를 얻을까? 인간을 비롯한 대부분의 생명체들은 외부로부터 다양한 유기 물질(음식물)들을 흡수함으로써 필요한 에너지를 충당한다. 이때 유기 물질을 산화시켜 생활에 필요한 에너지로 변환하는 과정이 필요한데, 이것을 호흡이라 한다. 우리가 숨을 쉬는 것은 바로 이 때문이다.

에너지를 얻는 방법

호흡은 크게 외호흡과 내호흡으로 구분할 수 있다. 외호흡은 폐(폐포)와 그를 둘러싼 모세혈관 사이에서 산소와 이산화탄소의 분압 차에 의한 기체 교환에 의해 공기 중으로 이산화탄소를 내보내고 산소를 받아들이는 작용을 의미한다. 즉 우리가 일반적으로 코나 입으로 숨 쉬는 것을 호흡으로 보는 경우이다. 그리고 이때 기체 교환은 분압이 높은 곳에서 낮은 곳으로 이동하는 확산에 의해 이루어진다.

내호흡은 세포호흡이라고 하는데, 폐(폐포)에서 받아들인 산소를 혈액 속의 헤모글로빈이 세포 내 미토콘드리아로 운반해주면 미토콘드리아에서 산소를 이용하여 포도당과 같은 영양분을 분해시켜서 에너지를 얻는 작용을 말한다. 이때 포도당은 물과 이산화탄소로 분해되고 세포 내 모든 활동에 필요한 에너지가 생성되어 생물체의 기능이 유지된다. 즉 우리가 음식물을 먹는 이유는 궁극적으로 에너지를 얻기 위함인데, 이러한 에너지들은 음식물 속에 함유된 탄수화물, 지방, 단백질과 같은 영양소들이 미토콘드리아에서 산소에 의해 산화되는 과

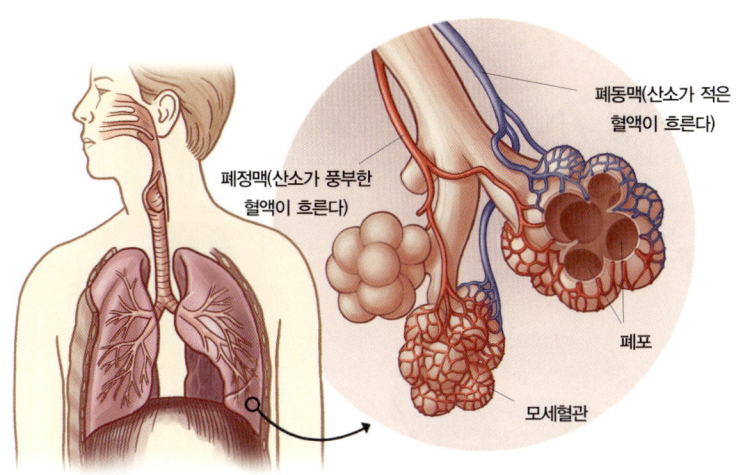

사람의 호흡 경로

정에 생기게 된다. 따라서 이 내호흡을 진정한 의미의 호흡이라 할 수 있다. 그리고 여기에서 생성된 이산화탄소는 혈액을 통해 이동하다가 폐포의 모세혈관에서 기체의 분압 차에 의한 확산에 의해 폐포로 내보내져 배출된다.

유산소호흡과 무산소호흡

내호흡에서 산소를 필요로 하는 호흡을 유산소호흡이라고 하고, 산소 없이 일어나는 호흡을 무산소호흡이라 한다. 휘발유가 순간적으로 연소되어 자동차가 움직이는 것과는 달리, 일반적인 체내 세포들은 여러 효소들의 단계적 조절을 통하여 포도당 및 다른 유기물질로부터 에

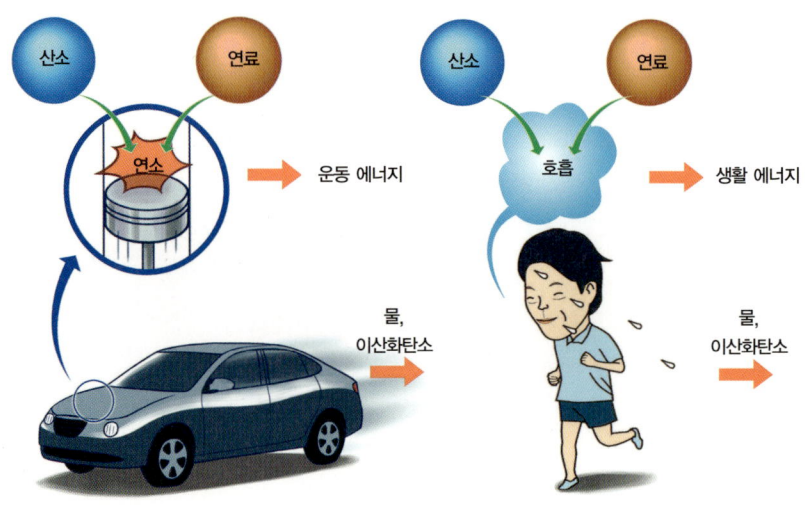

연소와 호흡의 비교

너지를 만들고, 이를 저장했다가 다른 필요한 곳에 사용하게 된다. 세포 내에 산소가 충분히 공급될 경우 (즉, 유산소호흡에서는) 포도당은 세포 내에서 해당 작용과 TCA 회로를 순차적으로 거치면서 효소를 통해 천천히 분해된다. 이때 총생산된 에너지의 일부분만이 ATP 형태로 직접 만들어지고, 나머지 대부분은 NAD(또는 FAD)와 같은 중간 매개체와 결합하여 높은 에너지 상태인 $NADH_2$(또는 $FADH_2$) 형태로 임시 보관된다. 그 후 이렇게 보관된 고에너지 물질은 전자 전달 과정을 거치면서 전자가 가지고 있던 에너지를 ATP 합성에 이용하게 되고, $NADH_2$는 산화되어 다시 NAD로 바뀌는 것이다. 이때 산소는 전자 전달 과정을 거친 전자의 최종 수용체로 사용된다. 따라서 산소가 부족하면 전자 수용체가 부족하게 되고, 그 결과 TCA 회로와 전자 전달 과정이 원활히 작동하지 못해 필요한 에너지를 생산하지 못하게 된다 (다만 일부 미생물의 경우, 질산기와 황산기와 같이 산소가 아닌 다른 분자들을 전자 수용체로 이용하는 경우도 있다).

산소가 모자라면 어떻게 될까?

만일 격렬한 운동을 할 때의 근육세포와 같이 짧은 시간에 많은 에너지가 필요함에도 불구하고 세포 내에 산소가 충분히 공급되지 못할 경우, 세포는 산소를 사용하지 않는 해당 작용만으로 포도당을 피루브산으로 분해하고, 이때 생성되는 ATP를 급하게 이용하게 된다(이는 무산소호흡의 하나이다). 해당 작용의 경우 포도당 한 분자가 두 분자의 피루브산으로 분해되면서 두 분자의 ATP 생산과 함께 두 분자의 $NADH_2$가 만들어지는데, 근육세포에서 이렇게 생산된 ATP를 이용하기 위해서는 함께 생성된 $NADH_2$의 소비(즉 NAD로의 재생산)가 반드시 병행되어야 한다. 그러지 않으면 세포 내 NAD가 모두 소진되어 더 이상의 에너지 생성 반응이 일어나지 못하기 때문이다. 실제로 근육세포는 젖산 발효 과정을 통해 이를 해결하고 있다. 즉 근육세포에서는 해당 작용의 최종 산물인 피루브산을 젖산으로 만듦으로써 $NADH_2$를 지속적으로 소비하는 것이

> **해당 작용(glycolysis)**
> 포도당이 일련의 반응을 거쳐 2분자의 피루브산으로 분해되면서 ATP를 생성하는 과정. 탄수화물 가운데 이당류 이상의 고분자들은 생물체 내에서 가수분해해 대부분의 경우 포도당으로 분해되는데, 포도당 이외의 단당류들, 특히 6탄당들은 쉽게 체내에서 포도당으로 전환될 수 있기 때문에 포도당의 분해 과정은 탄수화물의 분해 과정을 대표한다고 볼 수 있다.

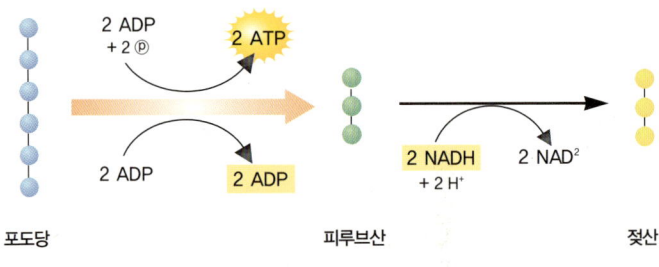

젖산 발효 경로

다. 격렬한 운동을 계속하면 몸이 피로하게 되는데, 이는 근육에 쌓인 젖산에 원인이 있다고 할 수 있다.

근육세포의 무산소호흡과 같이, 일부 미생물들은 산소가 없어도 해당 작용에 의해 생성된 에너지만을 이용하여 살아갈 수 있다. 이는 미생물들이 산소가 부족한 환경에서도 살아남기 위한 방법으로, 이때 생기는 부산물이 우리에게 유익하면 발효라 하고 해로우면 부패라고 한다(그러나 보다 넓은 의미에서 발효는 미생물이나 균류 등을 이용하여 인간에게 유용한 물질을 얻어내는 과정을 통틀어 일컫는다). 효모를 이용한 알코올 발효와 젖산균(또는 유산균)을 이용한 김치 및 요구르트 발효가 발효의 대표적인 예라 할 수 있다.

알코올 발효와 젖산 발효 모두 산소가 부족한 환경에서 해당 작용으로 생성된 ATP를 이용한다는 면에서 공통점을 가지고 있지만, 알코올 발효의 경우 $NADH_2$를 소비하여 피루브산을 에탄올로 환원시키는 반면 젖산 발효는 앞의 근육세포처럼 피루브산을 젖산으로 변화시킨다는 차이점이 존재한다. 이때 효모를 이용한 알코올 발효의 경우 탄

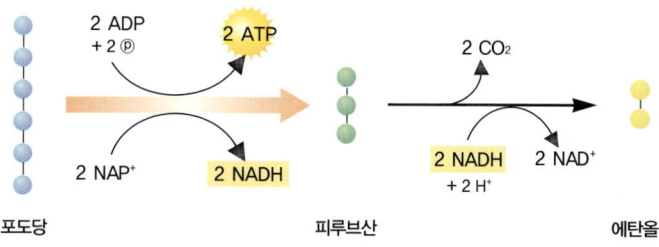

에탄올 발효 경로

소 3개로 이루어진 피루브산이 탄소 2개로 이루어진 에탄올로 환원되면서 한 분자의 이산화탄소가 발생하게 된다. 옛날에 빵을 만들 때, 빵을 부풀어 오르게 하는 주성분으로 효모를 사용한 것도 바로 이러한 알코올 발효 시 발생하는 이산화탄소 때문이다.

ATP와 AMP

아데노신에 인산기가 3개 달린 유기화합물을 아데노신3인산(adenosine triphosphate)이라고 한다. 이는 모든 생물의 세포 내에 존재하여 에너지대사에 매우 중요한 역할을 한다. 즉, ATP 한 분자가 가수분해를 통해 다량의 에너지를 방출하며 이는 생물 활동에 사용된다. 아데노신은 아데닌이라는 질소 함유 유기화합물에 오탄당(탄소원자가 5개인 탄수화물의 일종)이 붙어 있는 화합물이다. 아데노신에 인산기 1개가 달리면 아데노신1인산(AMP)이라 하고, 2개 달리면 아데노신2인산(ADP)이라 한다. ATP는 인산기가 3개 달린 물질을 말한다. 아데노신3인산은 모든 생물의 세포 내에 풍부하게 존재하는 물질이며, 생물의 에너지대사에서 매우 중요한 역할을 한다. ATP에 붙어 있는 인산기들은 인산결합에 의해 서로 연결되어 있다. ATP에서 가장 끝에 붙어 있는 인산기는 인산결합을 끊고 떨어져 나갈 수 있는데, 이때 표준 에너지 변화는 7.3kcal/mol이고 일반적으로 생체 내에선 마그네슘 이온 농도 등의 영향을 받아 11~13kcal/mol의 자유에너지가 방출된다. 생물체는 이 에너지를 이용해 활동한다. 이 때문에 ATP를 에너지원이라고 말한다. ATP는 생물체 내의 에너지의 화폐라고 생각할 수 있다. 생물은 호흡을 통해 유기물을 분해하면서, 그때 나오는 에너지를 이용해 ADP를 ATP로 만들고 이를 저장한다. 그러다 에너지가 필요하면 다시 ATP를 가수분해하여 ADP로 만들면서 에너지를 만들어낸다. 일을 하고서 돈을 벌어두었다가, 필요할 때 돈을 쓰는 것과 비슷하다. 즉 ATP는 가치의 저장 수단인 화폐처럼 에너지의 저장 수단인 것이다. 저장 수단은 대량의 에너지를 저장할 수 있고, 저장이 쉽고 필요할 때 쉽게 방출시킬 수 있어야 유용하게 쓰일 수 있는데, ATP는 이러한 조건을 모두 갖춘 적절한 물질이다. ATP는 작은 분자이면서 고에너지를 저장하고 있는 물질이고, ADP를 인산화시켜 쉽게 저장할 수 있으며, 다시 가수분해를 통해 쉽게 에너지를 방출하기 때문이다.

이렇게 모든 생물은 유기물의 산화에서 생긴 에너지를 ATP라는 화합물 속에 일단 저장하였다가 필요에 따라 이를 가수분해시켜 그때 방출되는 에너지를 이용하여 운동을 하고 체온을 유지한다. 또 생체 전기를 발생시키기도 하고 생체 발광(發光)을 일으키기도 하며 몸을 구성하는 고분자를 합성하기도 한다.

ATP

AMP

JUMP IN LIFE 03 산에 올라가면 숨이 찬 이유

📖 호흡과 순환, 생물체와 세포에서의 산소 영향

우리는 왜 끊임없이 숨을 쉬는 것일까? 보통 사람은 1분 이상 숨을 참기 어렵다. 또 일반적으로 호흡 곤란이 10분 이상 지속될 경우 생명에 심각한 영향을 미치게 된다. 호흡은 생물이 물질을 산화 또는 분해하여 활동에 필요한 에너지를 획득하는 작용으로서, 이러한 작용이 중단될 경우 생명체는 짧은 시간 안에 죽게 된다. 가끔 축구선수들도 고산 지대에 적응하기 위해 전지훈련을 한다고 한다. 높은 산에 올라가면 신체에 어떤 일이 생기는 것일까?

우리가 숨을 쉬는 이유

우리가 들이마시는 공기 중의 산소는 폐의 모세혈관을 통해 적혈구 내에 존재하는 헤모글로빈이라는 분자와 결합된 후 각 조직에 전달되어 생명 활동에 필요한 에너지원인 ATP라는 물질을 생산하는 과정에 참여하게 된다. '생체 내의 배터리'라 불리는 ATP는 주로 우리가 매일 섭취하는 음식물을 산화시킴으로써 얻어지는데, 대부분의 생명체들은 이러한 음식물을 산화시키는 산화제(좀 더 정확하게는 전자수용체)로서 산소를 사용하고 있으며, 이렇게 생성된 ATP를 이용하여 모든 생명 활동을 유지한다. 따라서 아무리 많은 음식물이 생체 내에 저장되어 있다 하더라도 산소가 없으면 각 세포에 필요한 충분한 양의 ATP가 생성되지 못하고, 그 결과 생명을 유지하는 데 필요

한 다양한 생체 활동들이 중단됨으로써 생명을 잃게 된다(생체 활동이란 단순히 몸을 움직이는 것뿐만 아니라 심장 박동, 뇌에서의 신호 전달 등을 포함한다.)

고산병의 원인

높은 산이나 고지대에서 나타나는 고산병(또는 고소증)은 우리가 쉽게 접할 수 있는 산소 부족 현상의 한 예라 할 수 있다. 저지대에 사는 사람이 해발 2,500미터 이상의 고지대에 급히 오를 경우 현기증이 나고 구토가 발생하게 되는데, 이것은 상대적으로 산소 분압이 낮은 고지대에서 충분한 양의 산소가 각 조직에 전달되지 못해서 생기는 병이다. 일반적으로 해변을 슬슬 걷는 건강한 사람의 경우 헤모글로빈에 의해 조직에 전달될 수 있는 산소의 양은 최대치의 약 40% 정도라고 알려져 있다. 즉, 헤모글로빈의 모든 결합 부위가 100% 산소만으로 채워져 있다고 가정할 경우(실제로는 이산화탄소 등 다른 기체와도 결합하고 있으며, 적혈구 내 헤모글로빈의 모든 결합 부위가 산소만으로 가득 채워져 있지는 않다), 약 40% 정도의 산소만이 조직에서 해리된다고 할 수 있다. 그러나 산소 분압이 낮은 고지대에서는 폐의 모세혈관에서 헤모글로빈과 결합되는 산소의 양이 줄어들고 그 결과 조직에 전달될 수 있는 산소의 양이 감소하여, 해발 4,500미터

높은 산에 갑자기 오를 경우 현기증이 나고 구토가 발생하기도 한다. 상대적으로 산소 분압이 낮은 고지대에서 충분한 양의 산소가 각 조직에 전달되지 못해서 생기는 증상이다.

고지대로 빠르게 이동할 경우 조직에 전달되는 산소의 양은 최대치의 약 30% 정도로 감소하게 된다. 산소 부족으로 인해 발생하는 ATP 생산량의 감소는 몸의 이상으로 이어져 현기증이나 구토를 유발하는 것이다.

고지대 거주민들은 어떻게 적응할까?

생명체가 신비로운 이유 중 하나는 이와 같은 환경적 어려움에 적응하며 진화하기 때문이다. 선조부터 계속해서 고지대에 살아왔던 사람들은 자기도 모르게 이와 같은 문제점을 이겨내도록 몸이 자연에 적응해왔다. 대체로 고지대에 거주하는 사람의 혈액 내에 존재하는 적혈구 양은 저지대에 사는 사람에 비해 상대적으로 높도록 진화하였다. 적혈구 양의 증가는 산소를 전달할 수 있는 헤모글로빈 양의 증가로 이어져, 각 조직에 필요한 산소를 원활히 공급할 수 있는 것이다. TV에서도 저지대에 사는 축구 선수들이 남미나 아프리카 고지대에서 원정 경기를 할 경우 경기 내내 뛰는 것을 매우 힘들어하는 반면, 그 나라 선수들은 같은 경기 조건에서도 별로 힘들어하지 않는 것을 심심찮게 볼 수 있다. 또한 마라톤처럼 비교적 오랜 시간 동안 에너지 소모가 매우 많은 운동의 경우 케냐 등의 고지대에 사는 사람들이 강세를 나타내는 것도 선천적인 산소 전달 능력과 관계가 있다고 할 수 있다(물론 스포츠에서 근육의 유연성 및 탄력 그리고 훈련량 등도 매우 중요한 요인이다).

한편 적혈구 증가로 인한 돌연변이가 올림픽 성적에 영향을 미친 사례도 보고되고 있다. 1964년 동계올림픽 스키 부문 크로스컨트리 금메달리스트인 핀란드의 만티란타(Eero Mantyranta)라는 운동선수는 선천적으로 적혈구의 양이 많은 양성 적혈구 증가증이라는 유전 상태를 가지고 있었다. 이러한 유전 상태에서는 조직에 더 많은 산소를 운반할 수 있으므로 만티란타는 향상된 체력으로 올림픽 금메달을 수상할 수 있었다.

우리도 고지대에 적응할 수 있다

그러면 선천적으로 적혈구 양이 많지 않은 저지대 사람들은 고지대에서 영원히 적응하지 못하는 것일까? 다행히도 적혈구 외에 조직으로 전달되는 산소의 양을 조절할 수 있는 물질이 생체 내에 존재한다. 높은 산이나 고지대에 갑자기 오를 경우 현기증이나 구토 증상이 나타나지만 시간이 좀 지나면 괜찮아지는 것이다. 이는 적혈구의 증가와는 무관한 것으로(실제로 생체 내에서 몇 시간 안에 적혈구의 양이 갑자기 증가하지는 않는다), 산소 분압이 부족할 경우 우리 몸은 적혈구 내에 존재하는 2, 3-BPG(2, 3-비스포스포글리세르산)라는 물질의 양을 증가시킴으로써 조직으로의 산소 전달 능력을 향상시키는 것이다.

2, 3-BPG는 헤모글로빈과 결합함으로써 헤모글로빈의 산소 친화력을 크게 감소시키는 물질로 알려져 있다. 일반적으로 고지대에 오를 경우 단 몇 시간 안에 혈액 내 2, 3-BPG 농도가 증가하며, 이렇게 증가한 2, 3-BPG는 헤모글로빈과 산소의 결합력을 약화시킨다. 이때 상대적으로 산소 분압이 높은 폐의 모세혈관에서는 결합력의 약화 효과가 적게 나타나는 반면, 산소 분압이 낮은 조직의 모세혈관에서는 상대적으로 큰 산소의 해리 효과가 나타난다. 이렇듯 산소의 해리 효과에 의해 고지대에 오른 지 몇 시간이 지나면 저지대에서와 비슷한 산

소 전달 효과가 나타나며, 그 결과 고소증이 점차로 완화된다.
 또한 공학적으로도 진화를 앞당길 수 있다. 예를 들어 산업적으로 미생물을 이용하여 유용한 물질을 생산하는 경우 산소 전달을 잘하면 그만큼 생산 효율을 올릴 수 있는데, 이러한 목적으로 헤모글로빈을 세포에서 많이 생산하도록 관련 유전자를 조작하면 된다. 자연에서 오랜 기간 동안 적응하고 진화해온 과정을 단축시키는 것이다.

제3장
의학과 생물공학의 만남

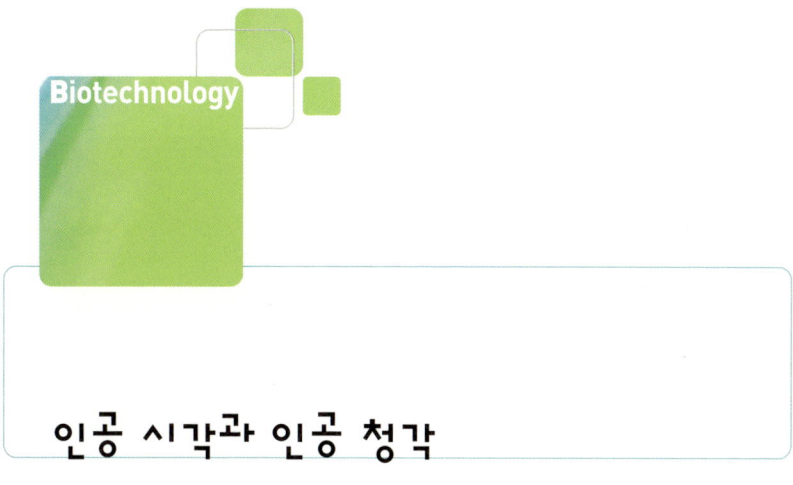

인공 시각과 인공 청각

자극과 반응, 감각기관

1970년대 중반에 방영되어 인기를 끌었던 〈600만 불의 사나이〉란 미국 드라마가 있다. 우주인이었던 주인공이 사고로 두 다리와 한쪽 팔, 한쪽 눈을 잃게 되는데, 잃어버린 신체 부위를 600만 달러를 들여서 최신 기술로 보강함으로써 초능력을 가진 인조인간으로 다시 탄생하게 된다. 당시 600만 달러의 가치가 얼마나 되는지를 굳이 따져보기보다는 그저 어마어마하게 비싼 돈을 들였다는 의미로 받아들이면 될 것 같다. 그 결과 주인공은 자동차보다 빠른 속도로 질주하는 다리, 강한 힘을 가진 팔, 수백 미터 떨어진 곳의 물체도 정확히 파악할 수 있는 눈을 가지게 된다.

육백만 불의 사나이와 유사한 종류의 드라마인 〈소머즈〉도 비슷한 시기에 방영되어 인기를 얻었다. 원제목은 '바이오닉 우먼(Bionic Woman)'으로, 소머즈는 이 드라마의 여자 주인공의 이름인데 우리나라에서는 '소머즈'란 제목으로 방영되었다. 600만 불의 사나이와 차이점은 주인공이 여자라는 점과, 600만 불의 사나이가 멀리 있는 물체를 볼 수 있는 시각을 가지고 있는 반면에 소머즈는 멀리서 속삭이는

인공시각과 초능력을 가진 주인공이 나와 폭발적 인기를 끌었던 TV 드라마 〈소머즈〉와 〈600만 불의 사나이〉

매우 작은 소리도 들을 수 있는 초능력의 청각을 가지고 있다는 점이다. 이 두 드라마에서 주인공에게 시술된 인공 시각과 인공 청각 기술은 더 이상 드라마 속의 이야기가 아니다. 이 기술은 저명한 과학기술 전문 저널인 《사이언스Science》와 전 세계에 배포되는 《뉴스위크Newsweek》의 표지 기사로 소개될 정도로 심도 있는 과학적 연구가 진행되고 있다.

앞 못 보는 사람도 사물을 볼 수 있다면…

우리는 눈을 통해 사물을 본다. 물체에 반사된 빛이 눈으로 들어와 이것이 전기 신호로 바뀌고, 이 신호가 신경을 타고 뇌로 전달되어 사

물의 모습을 인지하게 된다. 외부의 빛은 각막을 통과하여 눈 안으로 들어오고 수정체에서 굴절이 일어난 후에 안구 뒤쪽 내부에 위치한 망막에 상이 맺힌다. 다음으로 망막에 있는 시세포가 빛을 받아들여 신호를 만들고 이 신호는 전기 신호 형태로 시신경을 통하여 대뇌에 전달됨으로써 사물을 보게 된다.

　보통 사물이나 글씨가 잘 안 보이면 안과나 안경점에 가서 시력을 측정한 후에 적절한 안경이나 콘택트 렌즈를 구입하여 착용함으로써 다시 잘 볼 수 있게 된다. 이 경우에 안경이나 콘택트 렌즈는 수정체를 통과한 빛의 초점 거리를 조정함으로써, 상이 망막 위에 정확히 맺히게 하는 역할을 한다. 따라서 망막에서 신호가 잘 발생하고 이 신호가 뇌로 전달되는 경로에 문제가 없는 경우에는 안경이나 콘택트 렌즈를 착용함으로써 시력을 회복할 수 있다. 그러나 빛 신호가 뇌에서 인식할 수 있는 신경 신호로 변환되는 부분인 망막에 이상이 있거나, 혹은 신경 신호가 뇌에 이르는 경로에 이상이 있는 경우에는 안경이나 렌즈를 가지고는 시력을 회복시킬 수 없다. 시신경세포를 전기적으로 자극하여 시력을 회복하려는 시도는 전자인 망막에 문제가 생겨서 빛 신호가 신경 신호로 적절하게 전환될 수 없는 경우를 대상으로 하고 있다.

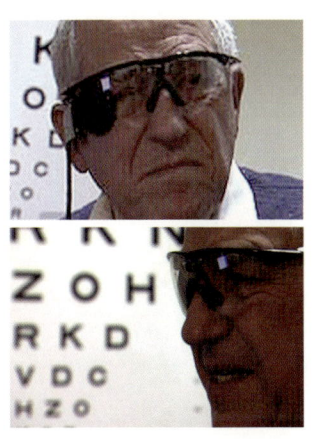

인공눈을 이식 받고 양말의 색을 흑백으로 구별할 수 있게 된 사람.

2009년 3월 영국의 BBC 방송은 30년 전에 시력을 잃은 사람이 생체공학 시술로 빛을 보게 되었다는 뉴스를 보도하였다. 안경알에 붙은 카메라가 포착한 영상 신호를 무선 통신 장치를 이용해 눈 속으로 보낸다. 이 신호는 안구 안의 망막 부분에 삽입된 극소형의 전극 칩으로 보내지고, 전극 칩이 전기 자극을 일으켜 시신경을 자극함으로써 이 신호가 뇌로 보내져서 색을 인식하게 된다. 인공눈 시술을 받은 사람은 "양말이 흰색인지, 회색인지, 검은색인지 구별할 수 있게 되었다"고 한다.

못 듣는 사람을 듣게 하는 인공 청각

우리가 귀를 통해 듣는 소리는 공기의 진동이 파동을 이루어 퍼져 나오는 음파이다. 귓속으로 들어온 음파는 고막을 진동시키고, 고막에 연결된 청소골은 고막의 진동을 증폭시켜 달팽이관에 전달한다. 달팽이관 내부로 전달된 진동은 달팽이관 내부에 위치한 청세포의 감각모를 자극한다. 감각모가 돋아 있는 청세포는 파동 에너지를 신경 신호로 변환시키는 역할을 한다. 청세포의 흥분이 청신경을 통해 전기 신호 형태로 대뇌로 전달됨으로써 소리를 듣게 된다.

나이가 들면서 청력이 떨어지면 보청기의 도움을 받게 된다. 보청기는 일종의 확성 장치로서 단순히 소리의 크기를 키우는 장치이다. 그러나 파동을 신경 신호로 변환시키는 청세포가 선천적 또는 후천적인 여러 요인에 의해 손상을 입게 되면 보청기를 가지고는 청력을 회복시킬 수 없다. 이런 경우의 환자를 대상으로 하여 청력을 회복시킬 목적으로 인공와우(蝸牛)가 개발되었다. 와우는 달팽이관을 의미하는데, 인공와우란 청신경을 전기적으로 자극하여 소리를 들을 수 있게 하는 장치이다.

앞서 이야기한 인공 시각 연구의 경우에는 아직 초보적인 수준에 머물러 있지만, 청각 장애를 치료하기 위한 '인공와우'는 이미 실용화되어 시판되고 있다. 1982년 상용화에 처음 성공한 이래 2000년까지 5만여 명에게 이식되었고, 그 후 매년 30%씩의 성장을 지속하고 있다. 국내의 경우에도 1988년 최초로 시술이 시행된 이래 매년 수백 건

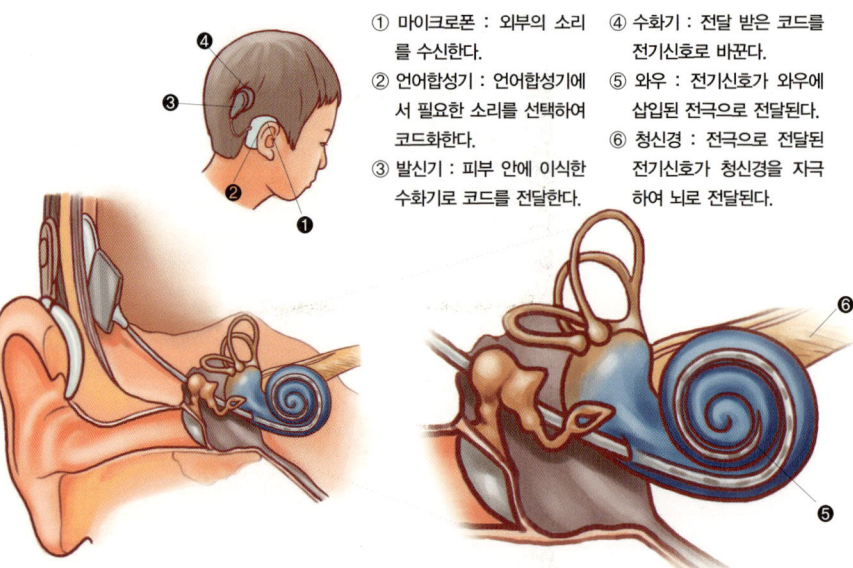

인공와우의 작동 원리

정도씩 시술이 이루어지고 있다. 인공와우 제작은 주로 해외 기술에 의해 이루어져왔으나, 최근 국내 연구진도 인공와우 제작 기술을 개발하는 데 성공하여 양산 시스템을 갖추어 나가고 있다.

우리 귀 속의 달팽이관 내에서는 인지할 음의 높낮이에 따라 자극되는 청각신경의 위치가 매우 질서 정연하게 정해져 있다. 즉 높은 음을 인지하는 청각신경은 달팽이관의 초입 부분에 위치하고, 낮은 음을 인지하는 청각신경일수록 달팽이관 속 더욱 깊은 곳에 위치해 있다. 따라서 인지하려는 소리의 주파수를 분석하고 해당 주파수를 인지하는 청신경의 부위를 전기적으로 자극하면, 우리 뇌는 그 높이의 소리를 인지하게 된다.

인공와우는 소리의 주파수에 따라 청신경의 해당 부위를 전기적으로 자극하기 위해 제작된 전극이 점점이 박힌 전기 자극기로서, 이를 귀 속의 청각신경 부위에 삽입하는 시술을 거치면 소리를 못 듣던 사람도 소리를 듣게 되는 것이다. 정상이었던 사람이 점차 청각을 잃어버려 소리를 전혀 들을 수 없는 상태로 오랫동안 살다가 인공와우 시술을 받고 소리를 들을 수 있게 된 이야기가 TV에 소개되기도 했다.

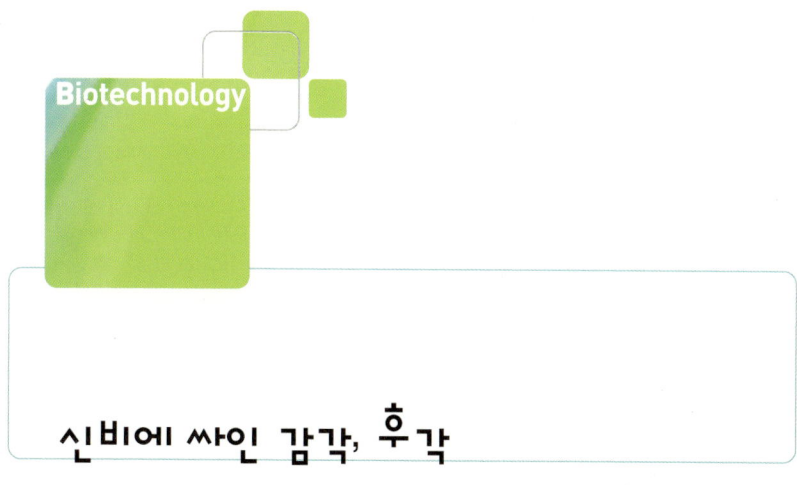

신비에 싸인 감각, 후각

📖 자극과 반응, 감각기관

 기어 다니는 동물들이 항상 코를 땅에다 대고 킁킁거리며 냄새를 맡는 모습을 종종 보았을 것이다. 이는 주위 환경을 감지하는 수단으로서 후각이 매우 중요하다는 것을 보여준다. 후각은 생물체가 지니고 있는 감각 중 가장 예민한 감각으로서 생존을 위해 매우 중요한 감각이다. 먹이를 찾는 데도 쓰이고, 같은 종끼리 의사 전달을 하는 데도 사용되며, 적을 감지하고 피하는 데도 사용된다. 포식자의 눈에 띄면 이미 목숨을 부지하기에는 늦은 상황이 될 수도 있으므로, 이 경우에 시각보다 후각이 더욱 중요하게 된다.

그러나 인간을 비롯해 직립보행을 하는 동물들은 기어 다니는 동물들에 비해 더 멀리 볼 수 있는 반면에 코는 땅에서 멀리 떨어져 있다. 따라서 이러한 경우에는 주위 환경을 감지하는 수단으로서 후각보다 시각이 더 중요한 수단으로 사용된다. 더욱이 사람의 경우에는 문명이 발달할수록 후각 의존도가 더욱 낮아져 후각이 많이 퇴화하였다. 그럼에도 불구하고 사람도 마찬가지로 수천 종 이상의 냄새를 구별하고 10^{-3}ppb(10억분율) 정도의 낮은 농도의 냄새도 맡을 수 있는 것으로 알려져 있다.

우리는 어떻게 냄새를 맡을까?

시각, 청각, 미각 등 다른 감각과 비교할 때, 후각은 사람이 어떤 원리에 의해 냄새를 맡는 것인지 잘 알려지지 않은 베일에 싸인 감각이었다. 그러나 1990년대에 들어와서 비로소 그 원리에 대해 이해하는 실마리를 찾게 되었고, 그 공로로 컬럼비아대학교의 리처드 액셀(Richard Axel) 교수와 '프레드 허친슨 암 연구소(Fred Hutchinson Cancer Research Center)'의 린다 벅(Linda Buck) 박사가 2004년 노벨생리의학상을 수상하였다. 이들은 매우 복잡한 감각 전달 체계인 후

후각의 복잡한 전달 체계를 밝힌 리처드 액셀 교수(왼쪽)와 린다 벅 박사.

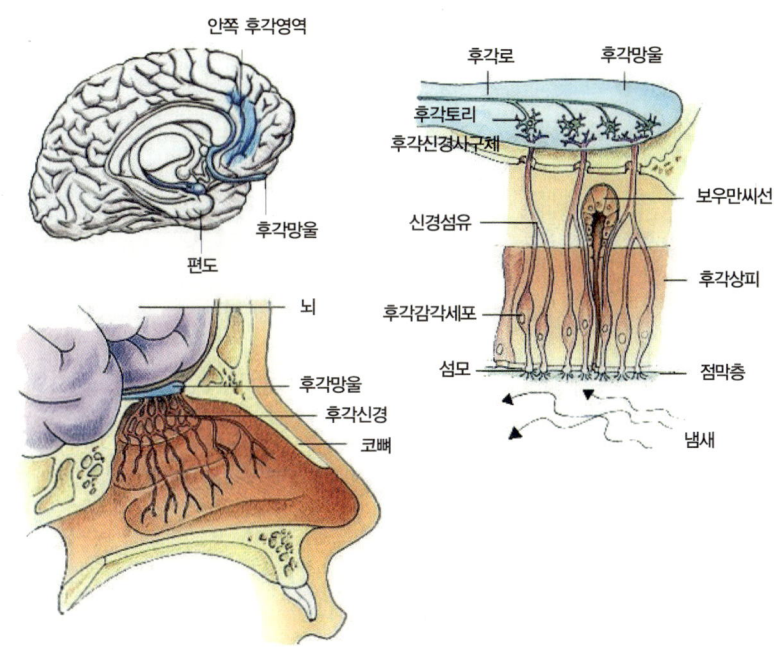

냄새를 맡는 과정

각을 명확히 정의된 분자 수준에서 세밀하고 체계적으로 연구하였다.

　냄새 분자가 우리 코 속으로 들어오면 코 깊숙한 곳의 천장 부위에 있는 후각 수용체 분자와 결합하게 되는데, 이것이 냄새를 인지하는 첫 번째 과정이다. 냄새가 후각 수용체 분자와 결합하면, 이것이 전기 신호로 바뀌어서 신경세포라는 전깃줄을 타고 뇌로 전달된다. 우리가 다양한 냄새를 구별할 줄 아는 이유는 냄새마다 결합하는 후각 수용체가 서로 다르기 때문이다. 냄새가 결합한 수용체만이 전깃줄(신경세포)에 전기를 통하게 하므로, 어느 전깃줄에 전기가 들어오느냐에 따라 사람은 다른 냄새를 느끼게 되는 것이다.

　냄새의 인지 과정에 대해 상당 부분 이해를 하고 있지만, 그러나 아직도 냄새의 정체에 대하여 많은 것을 알지 못하고 있다. 반면에 시각을 통해 구별하는 색이나 청각을 통해 느끼는 소리에 대해서는 아주 잘 이해하고 있다. 색은 빛의 파장에 의해 잘 정의될 수 있고, 소리는 주파수에 의해 그 높낮이가 잘 정의된다. 색의 경우 빨간색이라고 하면 누구나 같은 색을 연상한다. 그러나 냄새는 분류조차 어렵고, 장미 냄새, 된장 냄새 등의 '명사'를 빌리지 않고는 표현할 '형용사'도 없다. 향기로운 냄새라고 해도 너무 막연한 이야기이고, 불쾌한 냄새라고 해도 무슨 냄새를 이야기하는지 알 수가 없다.

냄새를 내보내는 TV를 만들 수 있을까?

천재적인 후각을 지닌 주인공 남자가 여인의 육체로부터 냄새를 모으는 과정을 그린 독특한 영화 〈향수〉

　색이 무한히 많은 종류가 있는 것 같지만 결국은 세 가지 삼원색으로 모든 색을 만들 수 있다. 컬러 프린터에 세 가지 잉크만 넣어 주면 모든 다양한 색을 인쇄할 수 있다. 냄새의 경우에도 이와 같은 것이 가능하다면, 즉 몇몇 기본 물질로 모든 종류의 냄새를 만들어낼 수 있다면, 우리는 듣고 보는 TV에서 벗어나 냄새도 맡을 수 있는 TV를 제작할 수 있을 것이다. 현재는 방송국에서 빛과 소리를 위한 신호만을 가정으로 보내고 있지만, 후각을 위한 신호를 보내어 방영되고 있는 내용에 합당한 냄새를 제공해줄 수 있을 것이다.

여기서 후각 신호를 내보낼 때 어려운 점은, 시각과 청각의 대상인 빛과 소리는 물리적 인자인 데 반하여 후각의 대상인 냄새는 화학적 인자라는 것이다. 즉 냄새를 맡기 위해서는 TV에서 화학적 물질을 뿌려주어야 하는 것이다. 만일 다양한 냄새를 만들 수 있는 기본 물질이 존재한다면, 이들을 병에 담아 TV에 장착하고 방송국에서 보내온 후각 신호에 따라 이들 기본 물질들을 적절히 혼합함으로써 다양한 냄새를 제조하여 방출하면 될 것이다.

일본에서는 실제로 2020년에 실용화하는 것을 목표로 하여 이른바 '공감각 TV'의 개발을 추진하고 있다. TV 화면에 나온 음식의 냄새를 맡을 수 있고, 화면 속 물질의 촉감도 느낄 수 있는 입체 영상 TV의 개발을 시도하겠다는 것이다. 이와 같은 TV가 개발되면 시청자들은 집에 앉아서 홈쇼핑 채널에서 방영되는 제품들의 냄새를 맡을 수 있고 만져보는 듯한 감각도 느끼게 될 것이다. 이와 같은 TV의 개발을 위해서는 초음파 진동, 전기 자극, 풍압 등을 영상과 연동시켜 촉감을 느끼도록 하는 기술과 기본 향을 조합하여 다양한 종류의 냄새를 재현할 수 있는 기술의 개발이 필요하다.

냄새의 정체를 밝히자!

그러나 우리는 아직 냄새의 정체에 대해 많은 부분을 모르고 있다.

인간의 후각 수용체를 이용해 인간이 냄새 맡는 것과 동일한 후각 센서를
개발하기 위한 연구가 진행 중이다.

화학 구조에 따라 냄새를 분류하려고 노력을 해왔지만, 그렇게 성공적이지 못했다. 화학 구조가 비슷한 물질도 매우 다른 냄새를 내는 경우가 있고, 화학 구조가 다른 두 물질이 서로 비슷한 냄새를 내는 경우도 있으며, 따로따로 맡으면 냄새가 나지만 둘을 섞어서 맡으면 냄새가 나지 않는 경우도 있다. 같은 화학적 감각인 미각의 경우에는 그래도 단맛, 짠맛, 쓴맛, 신맛 등으로 구분이 되어 있다. 또 이 네 가지 맛 이외에 다섯 번째 맛으로서 일본 사람이 제안한 '우마미(umami)'라는 것이 추가로 인정되었는데, 조미료 등이 내는 '맛있는 맛'이 그것이다.

냄새에 대한 연구는 주로 향에 대한 연구를 중심으로 진행되어왔는데, 아직도 향 분석 전문가들에 의한 관능적 분석에 의존하고 있는 형편이다. 인간의 관능에 의한 냄새 분석은 다분히 냄새 맡는 사람의 주관이 개입될 수밖에 없다. 냄새를 보다 객관적이고 정량적으로 분석하기 위해서는 사람의 관능이 배제된 기계적 측정 방법이 개발되어야 한다. 이를 위해 후각 수용체 세포를 센서로 이용해 냄새를 구별하려는 후각 센서를 개발하는 연구가 진행되고 있다.

뇌를 이해하다

📖 자극과 반응, 신경계

사람의 뇌는 대뇌, 소뇌, 간뇌, 중뇌, 숨뇌(연수)로 이루어져 있는데, 이 중에서도 대뇌가 가장 중추적인 역할을 한다. 대뇌는 두 개의 반구로 나뉘고 표면에 많은 주름이 있다. 대뇌의 가장 바깥쪽에 있는 겉질은 감각기관으로부터 전달돼온 감각 정보를 분석하고 판단하여 근육에 운동을 지시하는 명령을 내리고, 기억을 저장하고, 고등한 정신 활동을 관장하는 역할을 하는 것으로 알려져 있다. 대뇌 겉질의 활성을 측정하는 새로운 분석 장비들이 개발됨에 따라, 뇌의 어느 부위가 어떤 역할을 담당하는지에 대해 점점 많은 것들을 이해해가고 있다.

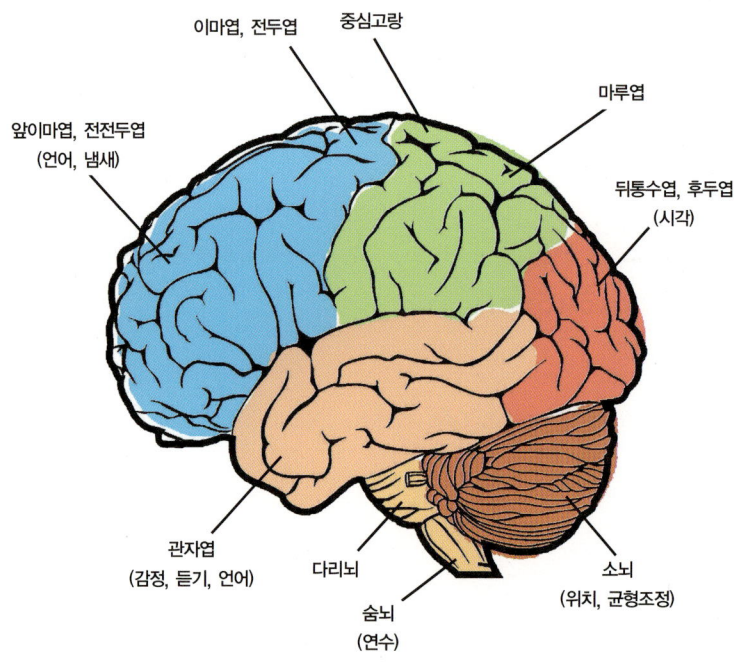

뇌의 각 부분은
어떤 역할을 할까?

대뇌 겉질의 활성을 측정하는 분석 장비는 소비자 심리를 알아내는 데도 이용된다. 콜라 회사인 A사는 자사 제품을 홍보하기 위해 소비자의 눈을 가리고 자기 회사 콜라와 경쟁 회사 콜라를 맛보게 한 후 더 맛 좋은 콜라를 선택하게 하는 광고를 한 적이 있다. 물론 광고에서는 광고주인 A사의 제품을 많은 사람들이 선택하였다. 광고를 떠나서 연구자들이 동일한 실험을 해보았더니, 소비자들은 실제로 A사 제품을 경쟁사인 B사 제품보다 더 선호하는 것으로 나타났다. 그런데 콜라

판매량을 조사해보면, 결과는 그와는 반대로 B사 제품이 훨씬 더 많이 팔리고 있었다.

이와 같은 소비자 심리를 어떻게 이해해야 할까. 이를 알아보기 위해 소비자 뇌의 어떤 부위에 어떤 반응이 나타나는지를 분석한 결과 재미있는 양상이 관찰되었다. 눈을 가리고 두 회사 제품을 맛보게 한 경우, B사 제품을 맛볼 때에 비해 A사 제품을 맛볼 때 뇌의 특정 부위에 비슷하거나 더 강한 신호가 감지되었다. 다음으로는 눈을 가리지 않고 각 제품을 맛보게 하며 뇌의 반응을 관찰하였다. 이 경우에는 눈을 가리고 식음하였을 때와는 달리, 뇌의 또 다른 부위에서도 신호가 나타났다.

이 신호는 A사 제품을 마실 때에 비하여 B사 제품을 마실 때 훨씬 더 강력하게 나타나는 것으로 관찰되었다. 즉 소비자가 가지고 있는 상표에 대한 선입견이 많이 작용하는 것으로 해석할 수 있다. 많은 사람들이 좋다고 하는 것을 선호하는 심리, 명품을 선호하는 소비자 심리가 뇌의 한 부위에 나타나고 있는 것이다.

전기 자극을 통한 질병 치료

뇌의 각 부위를 이해하려는 노력에 더해서, 뇌의 특정 부위에 전기 자극을 가함으로써 뇌의 기능을 증대하거나 회복시키려는 연구도 진행되고 있다. 영화 〈론머맨(Lawnmower Man)〉에서 주인공 '엔젤로' 박사는 가상현실을 연구하는 과학자로서 침팬지 뇌에 전기 자극을 줌으로써 침팬지의 지능을 증가시키는 연구를 하고 있었다. 그러던 어느 날, 지능이 높아진 침팬지는 갇혀 있던 방을 탈출하려다가 살해된다. 침팬지의 죽음으로 동물 실험을 더 이상 진행시킬 수

영화 〈론머맨〉

없게 되자, 박사는 잔디를 깎는 청년인 '조브'를 떠올린다. '조브'는 착하고 순진하지만 매우 낮은 지능을 가지고 있었고, 하루 종일 잔디를 깎는 것이 그의 일이었다. 영화의 제목인 '론머맨'은 '잔디 깎는 사람'을 뜻하는데, 이 영화의 주인공인 '조브'를 가리킨다. 엔젤로 박사는 침팬지 대신 조브를 대상으로 인체 실험을 감행하였고, 지능이 낮고 순진하던 조브는 매우 영리하고 초능력까지 지닌 사람으로 변화한다. 이 영화는 이렇게 변화한 조브가 그동안 자신을 업신여기고 괴롭혔던 사람들에게 복수를 해가는 내용을 담고 있다.

이 영화에서 엔젤로 박사가 하듯이 뇌에 전기 자극을 주어 인체의 질병이나 장애를 치료하려는 노력들이 실제로 많은 과학자들에 의해 진행되고 있다. 대표적인 예

파킨슨병

자발적 운동을 조절하는 뇌 부위 신경의 퇴화로 점진적 운동장애가 일어나는 신경 이상. 1817년 영국의 의사 제임스 파킨슨이 『진전마비에 관한 소고 Essay on the Shaking Palsy』에서 처음으로 기술했다. 지금은 파킨슨병에도 여러 형태가 있다는 것이 밝혀졌지만, 파킨슨이 처음에 기술했던 파킨슨병, 즉 1차 파킨슨병 또는 진전마비가 가장 일반적인 형태이다. 이러한 장애를 가져오는 신경 퇴행은 그 원인을 알 수 없다 하여 특발성 파킨슨병이라고도 부른다. 파킨슨병이 처음 발병하는 평균 연령은 57세이다. 처음에는 종종 손이 떨리는 증상으로 시작되며, 10~20년에 걸쳐 증상이 점차 악화되다가 마비와 치매로 이어져 결국 사망하게 된다. 2차 파킨슨병의 경우 신경 퇴행을 초래하는 원인이 밝혀져 있다. 파킨슨-플러스병이라 부르는 또 다른 형태에서는 파킨슨병의 주요 증상 외에 다른 증상들까지 곁들여 나타난다.

가 파킨슨병(Parkinson's disease)의 치료를 위한 것이다. 이 질병의 특징은 본인의 의사와는 상관없이 근육이 제멋대로 움직이는 것이다. 컵 속의 물을 제대로 마실 수 없을 정도로 손이 떨리고, 바닥의 선을 따라 제대로 걸을 수도 없다. 그런데 전기 자극기로 뇌의 특정 부위를 자극하면, 손의 떨림이 없어져 물을 자유자재로 마실 수 있고, 똑바로 걸을 수도 있게 된다. 이미 많은 환자들이 이 방법으로 치료를 받고 증세가 호전되었다고 보고되었다. 이와 같은 치료법뿐만 아니라 전기 자극을 줄 수 있는 생체 칩을 뇌에 심어 특정 기능을 강화시키는 연구도 진행되고 있다.

뇌와 컴퓨터의 접속

더 나아가서 인간의 뇌와 컴퓨터 혹은 인간의 뇌와 기계를 접속하려는 노력들도 이루어지고 있다. 이와 같은 일들은 현실에서보다 미래를 보여주는 영화 속에서 먼저 등장하고 있다. 하지만 영화 속에 나타나는 것들 중 일부는 이미 현실 속에서도 하나씩 이루어지고 있다.

영화 〈코드명 J〉에서 주인공이 자신의 뇌와 컴퓨터를 접속하는 장면.

영화 〈엑시스텐즈〉에서는 컴퓨터 게임기를 인체에 연결하여 즐기는 가상체험 게임이 등장하고, 영화 〈코드명 J〉에서는 컴퓨터에 저장된 정보를 인간의 뇌로 옮겨 저장하고 뇌에 저장된 정보를 다시 내려받는 기술이 등장하기도 한다. 영화 〈스파이더맨 II〉에서 스파이더맨의 상대역으로 등장하는 옥타비우스 박사는 매우 가는 굵기의 전선을 사용해 자신의 뇌와 등에 장착한 로봇 팔을 정교하게 연결함으로써 뇌가 생각하는 대로 로봇 팔을 움직일 수 있게 된다.

〈스파이더맨 II〉의 옥타비우스 박사가 자신의 생각에 따라 로봇 팔을 자유자재로 움직이는 것과 같이, 과학자들은 원숭이의 생각대로 로봇 팔을 움직이게 하는 데 성공하였다. 원숭이의 뇌에 미세전극을 꽂고, 이 원숭이에게 조이스틱을 사용하여 멀리 떨어져 있는 로봇 팔을 움직여 바나나를 집게 하는 훈련을 시켰다. 그러자 곧 이어 원숭이는 조이스틱을 사용하여 로봇 팔을 움직임으로써 자유자재로 바나나를 집어 올 수 있게 되었다.

과학자들은 원숭이가 조이스틱으로 로봇 팔을 움직일 때 뇌에서 발생하는 뇌파를 받아 컴퓨터로 분석하였다. 이제 로봇 팔을 조이스틱에

영화 〈스파이더맨〉에서 스파이더맨과 대결하는 옥타비우스 박사

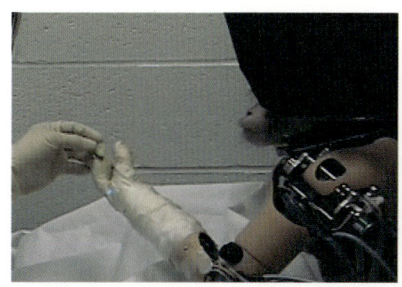

로봇 팔을 이용해 먹이를 받아먹는 원숭이

연결하는 대신에, 조이스틱을 없애고 로봇 팔을 원숭이의 뇌파를 분석하는 컴퓨터와 직접 연결하였다. 조이스틱이 없는 상태에서도 원숭이에게서는 로봇 팔을 움직이려는 뇌파가 나왔고, 그 뇌파의 명령대로 로봇 팔이 움직였다. 원숭이는 조이스틱 없이도 자기가 생각하는 대로 로봇 팔을 움직여 바나나를 집을 수 있게 되었다. 원숭이를 이용한 이 실험은 뇌의 생각에 의해 발생하는 뇌파(미세전기신호)를 컴퓨터가 해석하고, 이 해석에 상응하는 전기 신호를 다시 모터에 보내어 모터를 구동하는 것이다.

아직 우리는 뇌에 관해서 모르는 것이 너무나도 많다. 그러나 최근 들어 뇌에 관한 연구는 관련 학회에 참가하는 과학자의 수와 매년 발표되는 논문 편수에서 급격한 증가 추세를 보이고 있다. 이와 같은 연구를 통해 뇌가 간직하고 있는 비밀을 하나둘씩 알아낸다면, 머지않은 미래에 질병, 장애, 심리적 고통을 치유하는 길이 열릴 것이다.

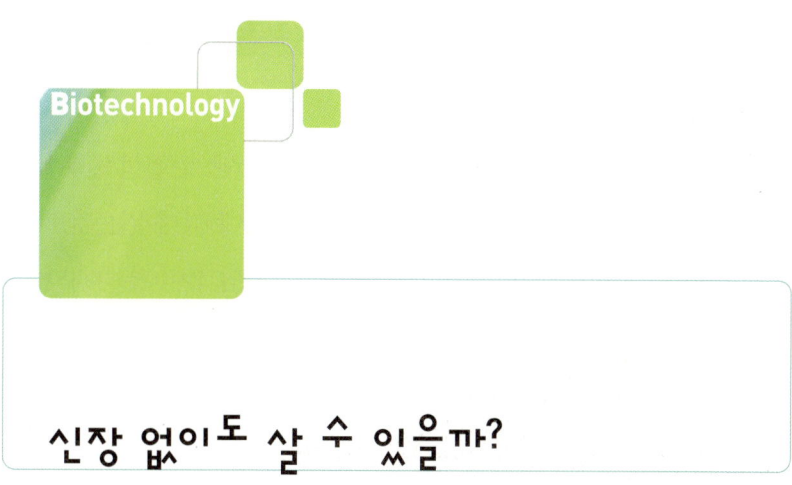

신장 없이도 살 수 있을까?

📖 음식물의 섭취와 배설

아파트 위층에 사는 그 젊은이는 늘 씩씩했다. 그 나이에는 모든 것이 성성하다. 운동을 좋아하는 듯, 가끔 운동복 차림으로 땀에 젖어서 들어오곤 했다. 이제 막 결혼한 새댁이 같은 아파트 아주머니들과 시장을 다녀오기도 했다. 행복해 보이는 젊은 신혼부부 덕분에 그 아파트 라인은 10년은 젊어진 것 같았다. 그런데 몇 주간 남자의 모습이 보이지를 않았다. 새댁의 얼굴도 전처럼 밝아 보이지를 않았다. 무슨 일이 생긴 것일까.

남자에게는 하나뿐인 형이 있었다. 어릴 적부터 같이 자란 형제는 세상에서 누구보다도 의지가 되고 힘이 되어주었다. 그 형이 신부전증을 앓고 있다고 했다. 매일 신장투석을 하지만 별로 나아지는 것도 없어서 신장 이식을 해야 한다고 했다. 마지막 선택인 셈이다. 하지만 신장 이식을 기다리는 줄은 길고, 신장을 제공할 사람은 많지 않았다.

새댁은 남편이 형에게 콩팥을 떼어준다고 했을 때, 아무 말도 하지 못했다. 그리고 다시 나타난 남자는 하던 축구를 다시 시작했다. 새댁의 얼굴도 조금씩 밝아졌다. 그 남자의 콩팥 하나가 형의 몸속에서 잘 지내고 있고, 남아 있는 콩팥도 축구를 할 수 있을 만큼 튼튼하게 역할을 하고 있음을 알 수 있다. 콩팥이 둘인 이유는 하나를 남에게 주기 위함일까?

소변의 색깔로 건강을 알 수 있다

우리에게는 두 개의 콩팥이 있다. 콩쥐, 팥쥐처럼 서로 앙숙의 관계가 아니라 몸에서 중요한 일을 나누어 하고 있다. 중요한 일이란 바로 소변을 만드는 일이다. 오줌이 뭐 그리 대단할까? 남자들의 경우, 소변기의 흰색 때문에 오줌의 색은 아주 선명하게 드러난다. 소변 색깔은 예로부터 몸의 상태를 알 수 있는 가장 기초적인 관찰 대상이었다. 밤새워 시험공부를 하거나, 운동을 격렬하게 한 다음 날은 소변 색이 짙은 노랑이다. 소변 내에 어떤 물질들이 농축되어 있다는 이야기이다. 이는 또한 몸의 대부분인 수분이 부족하다는 신호이다. 반면 물을 충분히 마시면 소변 색은 점점 옅어진다. 따라서 오줌은 가장 간단하게 몸 상태를 알 수 있는 인체의 분비물인 셈이다.

예전에 조상들은 밭에 눈 소변에 개미가 몰리는 것을 보고 중병에 걸렸다는 것을 알았다. 당뇨병이다. 소변 내의 당 성분으로 인해 개미들이 꿀 보고 달려드는 벌처럼 설탕 맛을 보고 달려드는 것이다. 지금은 소변 내의 당 성분을 측정하여 당뇨 증세를 정확히 진단하지만, 슬기롭게도 우리 조상들은 이미 개미를 이용한 진단법을 알고 있었던 셈이다.

인체는 70%가 수분이다. 이 수분은 인체의 세포를 유지시키는 역할을 하고 또한 세포가 일을 하면서 배출하는 여러 가지 노폐물을 제거하는 역할을 한다. 인체의 세포는 일종의 화력발전소이다. 연기가 나지 않을 뿐이지 들어오는 음식물을 잘 분해하고 연소시켜서 에너지를 만든다. 몸에서는 이 에너지를 이용하여 축구도 하고 달리기도 한다. 이때 여러 가지 노폐물이 발생되는데, 이 노폐물들은 인체 밖으로 나가야 한다. 그래야만 몸이 늘 일정한 상태, 즉 항상성을 유지하게 된다. 노폐물을 밖으로 내보내는 역할은 땀과 소변이 한다. 그중에서도 소변은 인체의 하수구 역할을 한다. 하수구에 문제가 생기면, 독소가 쌓여 인체에 큰 문제를 일으키는 것이다.

신장은 어떻게 노폐물을 거르나?

신장의 주 역할은 노폐물을 걸러내어 오줌으로 내보내는 것이다. 이 일이 진행되는 곳은 네프론(nephron)이라는 장치이고, 이런 장치

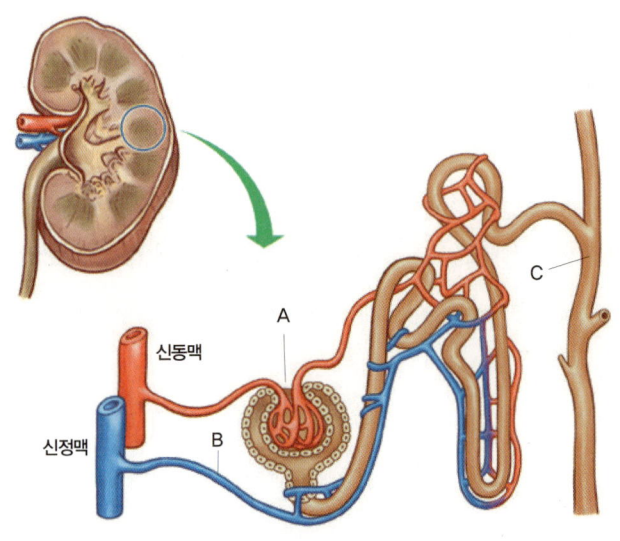

신장의 노폐물 여과 과정 : 신장 동맥의 노폐물이 사구체(A)에서 압력으로 걸러지고 집합관(B)에서 모아져서 (C)집합관으로 이동, 오줌으로 배출된다.

는 신장 하나에 100만 개 정도가 있다. 이곳에서는 노폐물을 여과하기도 하고 필요한 영양분, 즉 포도당, 수분 등을 재흡수하기도 한다. 포도당은 대부분 100% 재흡수되고, 재흡수가 되지 않은 당이 있게 되면 소변 속에 당이 나오게 되고, 우리는 당뇨병의 가능성을 소변 속에서 보게 된다. 수분은 몸 안의 수분량에 따라 재흡수의 양이 결정되어서 몸 안의 수분이 적으면 배출되는 수분의 양을 줄여서 몸에 수분을 늘리고, 덕분에 소변은 노란색이 된다. 따라서 노란색의 소변은 몸의 수분이 적다는 신호이기도 하다.

노폐물은 압력의 차이에 의해 모세관 동맥에서 사구체를 통해 보면

주머니에 모이고 이것이 세뇨관을 통해 모아져서 오줌으로 배설된다. 물론 동맥 모세혈관 속의 중요하고 큰 분자량인 세포나 단백질 등은 그대로 모세정맥으로 이동한다. 이때 여과되는 것은 노폐물뿐만 아니라 무기염류, 아미노산, 물 등이 함께 압력에 의해 보먼주머니로 나오게 된다. 보먼주머니에 모인 물질 중 필요한 것은 다시 모세정맥 속으로 재흡수된다. 이런 원리로 신장은 신체 내의 노폐물을 내보내고 필요한 것은 계속 사용할 수 있게 하는 여과와 흡수의 기능으로 우리 몸을 항상 일정 상태로 유지한다. 이런 중요한 역할을 하는 신장에 이상이 생기면 우리 몸은 중대 위기에 봉착하게 된다.

인공 신장의 기본 원리

신장 기능에 이상이 생기면 인체는 여러 가지 문제가 생긴다. 우선 노폐물이 걸러지지 않고 농도가 높아짐으로써 세포가 제대로 작용을 하지 못하게 되고, 얼굴이 붓는 증상에서부터 신장이 제 기능을 못하는 신부전증의 단계에까지 이른다. 이 경우 생명이 위험하다. 물론 신장 이식 등의 방법도 있지만, 기증자가 쉽게 나타나지 않으면 최후의 수단인 인공 신장에 의지해야 한다. 일주일에 서너 번씩 병원 신세를 져야 하고 한 번에도 4~5시간은 소요되는 괴로운 투병이다.

사실 인공 신장은 정확한 말이 아니다. 인공 신장이라면 신장을 대신하여 몸 안에 장착하여 계속 쓸 수 있어야 하는데, 여기서 말하는 인공 신장이란 일종의 혈액 투석기이다. 즉 체외에서 신장의 기능인 여

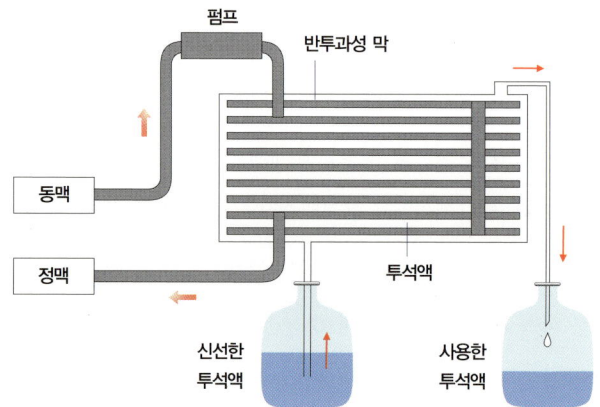

인공신장, 투석기의 구조

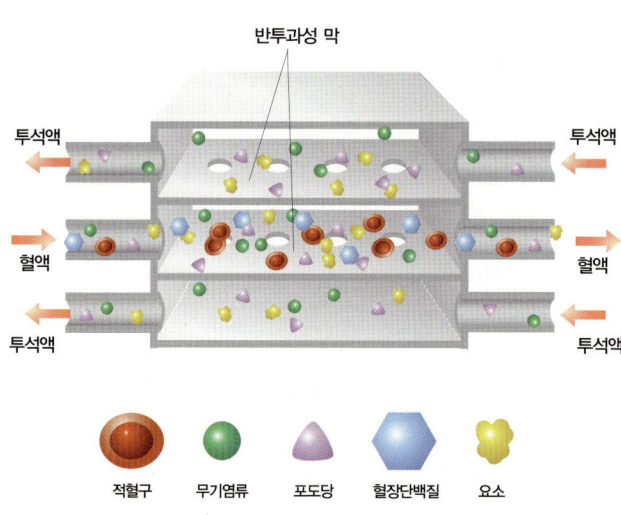

물질의 이동 과정

과 기능을 대신하는 수단이다.

　인공 신장에서는 노폐물인 요소 등이 제거되어야 한다. 요소가 제거되는 근본 원리는 물질의 농도 차이이다. 물이 높은 곳에서 낮은 곳으로 흐르는 것이 보통이듯이 물질도, 예를 들면 요소 성분이 주성분인 노폐물도 농도가 높은 곳에서 낮은 곳으로 흐른다. 물에다 잉크 한 방울을 떨어뜨리면 잉크가 퍼져 나가는데, 그 이유는 바로 잉크 내부의 높은 잉크 농도에서 낮은 농도의 외부 물로 이동하기 때문이다. 인공 신장에서도 같은 원리로 노폐물이 제거된다. 즉 반투막을 사이에 두고 한편에 노폐물이 있는 동맥 혈액을 통과시키고 다른 한편에 노폐물이 없는 용액을 통과시키면 노폐물은 농도 차이에 의해 높은 곳에서 낮은 곳으로 이동하게 된다. 즉 물질의 이동이 농도 차이에 의해 일어나게 된다. 물론 혈액 속의 세포들과 분자량이 큰 단백질 등은 그대로 남아 다시 몸속으로 들어가게 된다. 또한 무기염류, 포도당 등이 빠지지 않게 하려면, 반투막을 중심으로 양편이 같은 농도가 되도록 하면 된다.

　실제 병원에서 쓰이는 혈액 투석기는 가는 여과관이 여러 개 모여 있는 구조의 중공사막(hollow fiber)을 사용한다. 가는 여과관이 수백 개 다발로 있기 때문에 빠른 속도로 투석을 진행할 수 있다. 혈액이 흐르는 방향과 낮은 농도의 투석액이 흐르는 방향이 같으면 처음에는 농도 차이가 있어서 노폐물이 이동하지만 농도가 비슷해지면 농도 차이가 없어서 이동이 없어진다. 따라서 혈액과 투석액의 흐름을 서로 반대로 하면 늘 농도 차이가 유지되게 된다.

신장에 이상이 생겨서 혈액 투석을 하게 되면 산다는 것 자체가 괴로워진다. 일주일에 세 번, 매일 4시간이라면 사실 살고 있는 시간의 대부분을 병원에서 붉은 피를 거르는 일을 해야 한다. 참으로 힘들고 괴로운 생활이다. 인공 신장은 치료법이 아니다. 어쩔 수 없이 콩팥이 기능을 못한다면 누군가의 선행에 의지해 신장 이식을 하는 방법이 차선이라고 할 수 있다. 이식을 통해 건강도 되찾고 또한 다른 사람의 아름다운 마음도 같이 받는 행운을 누릴 수도 있다. 이렇게 건강과 삶의 의미를 찾는다면 절망 속에서도 더없이 좋은 희망을 보리라. 하지만 이러한 희망보다도 가장 최선은 늘 건강을 유지하는 일일 것이다. 그래야 아파트의 그 남자처럼 건강한 사람으로 남에게 도움을 줄 수 있기 때문이다.

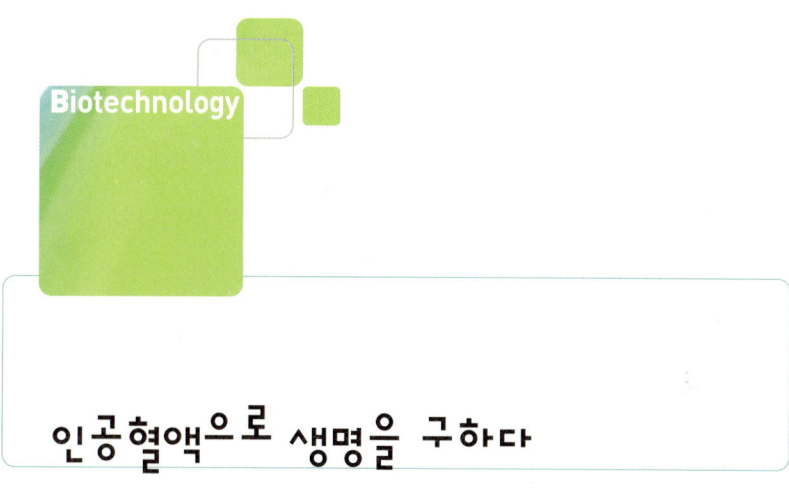

인공혈액으로 생명을 구하다

📖 호흡과 순환, 혈액의 조성과 기능

혈액이 부족하다는 뉴스가 나오는 것을 한 번쯤 보았을 것이다. 최근 바이오테크놀로지 기술의 발전이 눈부시게 전개되는 상황에서 각종 인공 장기가 개발되어 실제로 각종 치료에 이용되고 있다고 하는데, 부족한 혈액을 대체할 방법은 없는 것일까? 인공 장기 기술이 혈액에도 적용되어 인공 혈액이 개발된다면, 이러한 혈액 부족 현상을 극복할 수 있지 않을까?

전쟁과 같이 부상자가 많이 발생하는 경우, 혈액이 특히 부족하다. 1960년대 베트남전에서 미군 사망자가 약 5만 명이었다고 하는데, 가장 큰 사망 원인은 과다출혈이었다고 한다. 당시 전장에서 부상당한 병사를 헬기로 응급 이송하는 데는 평균 30분 정도 소요되었고, 이 과정에서 약 절반 정도의 부상병이 과다출혈로 사망했다고 하니, 만약 충분한 인공 혈액이 있었다면 병사들 가운데 많은 수를 구할 수 있었을 것이다. 우리나라의 경우에도 대한적십자사의 발표에 따르면, 2009년 9월 초의 혈액 재고량은 농축적혈구는 9일분, 농축혈소판은 1.9일분의 재고만이 있을 뿐이다. 혈액 자체가 장기간 보관이 어렵기 때문에 재고량을 넉넉하게 유지하기 어려운 면도 있지만, 근본적으로 혈액이 부족한 상황인 것만큼은 분명한 사실이다.

피는 어떤 역할을 할까?

혈액은 우리 몸의 세포가 살아서 기능을 발휘하는 데 절대적으로 필요한 산소와 영양소를 온몸에 운반해주는 역할을 하고, 노폐물을 수거하며, 외부에서 침입한 병원균에 대한 면역 작용 등 다양한 기능을

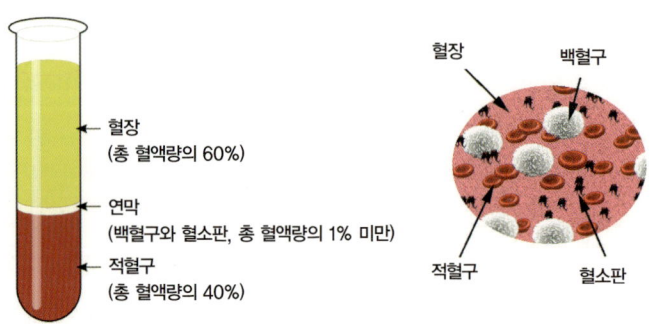

수행하는 매우 중요한 기관이다. 산소는 혈액이 폐 속을 통과하는 사이에 공급되고, 영양소는 간장 속을 지나는 사이에 공급된다. 우리 몸을 돌고 있는 혈액량은 체중의 약 7.5%로, 성인의 경우에는 약 5리터 정도로 1.5리터 PET병으로 약 3병 되는 양이다.

혈액은 혈구라 불리는 유형 성분과 혈장이란 액체 성분으로 이뤄져 있는데, 6대4의 비율로 혈장이 혈구보다 많다. 가슴뼈나 등뼈 속의 골수에서 만들어지는 혈구는 적혈구, 백혈구, 혈소판 등 3종류가 있으며, 약 120일을 주기로 새 혈구와 교체된다. 이때 오래된 혈구는 간장이나 비장에서 파괴된다. 그러니까 우리 몸은 약 4개월이면 신선한 피로 대체되는 것이나 마찬가지다. 혈장은 수분 90%와 단백질 10%로 이루어진 혈액 속의 담황색 액체 성분이다. 혈장단백질의 주성분은 혈액의 삼투압 유지에 관여하는 알부민과 면역에 관여하는 면역글로불린(Immunoglobulin), 즉 항체이다. 혈장 속의 혈액응고 인자는 현재 12가지가 확인돼 로마숫자로 고유 번호가 매겨져 있다.

> **면역글로불린**
> 혈청 성분 중에서 면역에 중요한 역할을 하고, 또 항체 작용을 하는 단백질의 총칭

금쪽같은 혈액

성공적인 수혈의 역사가 시작된 것은 약 80년이라고 한다. 그러나 눈부신 의학의 발전에도 불구하고 수혈은 오늘날까지 의료 분야에서 여전히 중요한 숙제로 남아 있다. 다른 의료 분야의 괄목할 만한 성장

과 비교하면 수혈은 오히려 뒤처진 느낌마저도 든다. 처음 수혈이 시작되었을 때에는 한정된 공급, 보관 기간, 감염 위험, 매우 까다로운 보관 조건 등이 문제였는데, 지금도 이 문제는 여전히 그대로다. 현재 전 세계적으로 연간 4,500만에서 9,000만 리터의 혈액이 부족한 상태라고 한다. 미국의 수혈 시장은 연간 약 43억 달러에 달할 정도로 매우 큰 의료 시장을 형성하고 있다. 한편 1980년대에 들어서면서는 수혈을 통해 에이즈나 간염에 감염되는 사례가 증가하면서 수혈의 안전성에 대한 의문도 제기되고 있기 때문에 인공 혈액의 개발 필요성은 더욱 강조되고 있다. 그러면 인공 혈액 개발은 현재 어디까지 진행되었을까?

붉은 피와 하얀 피

유명한 SF 영화로 우주 괴물이 등장하는 〈에일리언〉에는 가상의 미래 세계에 인체와 비슷하게 생긴 로봇인 휴머노이드가 등장하는데, 이 휴머노이드가 파괴될 때 우유같이 흰색의 액체, 즉 혈액이 나온다. 인공 혈액은 인간이나 동물의 혈액에서 필요 물질을 추출해 가공한 '붉은 인공 혈액'과 인공 합성 물질로 만든 '하얀 인공 혈액'으로 구분할 수 있다. 사람의 혈액이 붉은색인 것은 혈액 중 적혈구에 있는 헤모글로빈 때문이고, 이러한 헤모글로빈을 대체하는 성분이 인공 혈액에 포함되고, 그 성분이 흰색이라면, 혈액은 우윳빛과 같이 흰색을 나타낼 수도 있는 것이다. 붉은 인공 혈액은 대개 폐기하기 직전의 수혈액이

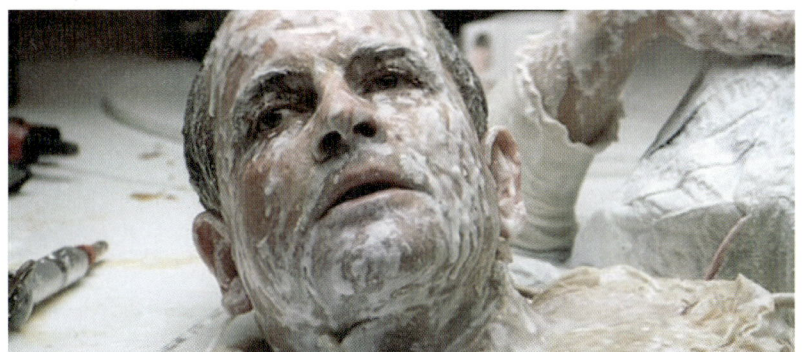
영화 〈에일리언2〉에서 휴머노이드가 에일리언에게 공격당한 뒤 하얀 피를 흘리는 장면.

나 동물 혈액 중의 헤모글로빈 또는 알부민 성분을 추출해 만드는데, 생체에서 유래한 인공 혈액이기 때문에 부작용이 적은 것이 장점이다. 하지만 산소 운반 능력은 일반 자연 혈액 수준과 동등해 수술 시에는 일반 혈액과 마찬가지로 다량을 보충해주어야 한다는 문제가 있다.

하얀 인공 혈액은 유기화합물의 일종인 과불화탄소(PFC, perfluorocarbon)로 만든 것이 대표적인데, 산소 운반 능력이 자연 혈액에 비해 탁월하고 대량 생산할 수 있다는 큰 장점이 있다. 반면에 체내에서 거부 반응을 유발할 수 있다는 것이 문제점으로 지적되고 있다. 최근에는 미국의 SBI에서 지난 2000년 과불화탄소로 만든 인공 혈액 '옥시사이트(Oxycyte)'가 환자를 대상으로 한 임상 실험 중에 있는데, 100mL의 옥시사이트로 성인의 전체 혈액(약 5리터)이 운반하는 산소량을 운반할 수 있다고 한다. 만약 이 제품이 출시된다면 전쟁, 교통사고 등으로 뇌손상을 입거나 과다출혈 상황의 응급 환자에게 매우 유용하게 쓰일 수 있을 것이다.

붉은 인공 혈액의 경우, 미국의 바이오퓨어라는 회사가 동물 혈액에서 헤모글로빈을 추출하여 인공 혈액을 만드는 기술을 개발하였다. 1997년 소에서 추출한 인공 혈액인 옥시글로빈(Oxyglobin)을 처음 개발해서 개의 수혈용으로 사용하고 있지만, 인체에는 고혈압을 유발하는 부작용이 있어서 사용하지 못하고 있다. 반면 2003년 젖소에서 추출한 헤모글로빈을 가공한 인공 혈액 '헤모퓨어(Hemopure)'는 남아프리카공화국에서 급성빈혈 환자용으로 시판하고 있는 실정이다. 이외에도 일본 와세다대학교와 게이오대학교의 공동 연구팀이 2004년 혈중 단백질인 알부민에 헤모글로빈의 철 성분을 결합한 '알부민헴'을 만들었는데, 이 물질은 고혈압을 유발하지 않고, 혈전이 생긴 부위에도 산소를 공급할 수 있는 등 성질이 우수한 것으로 알려져 있다.

인공 혈액의 미래

그동안 인공 혈액 개발과 관련하여 많은 어려움을 겪어왔지만, 과학자들은 머지않아 낙관적인 결과를 얻을 수 있으리라 예상하고 있다.

첫째, 혈액에 대한 모든 연구로 인하여 안전하고 믿을 수 있는 혈액 대체물의 상업화가 가속화할 것이다. 매년 엄청나게 부족한 혈액은 효과적인 혈액 대체물 개발이 절실함을 잘 보여주고 있는데, 관련 기업들이 경험한 실패에도 불구하고 거대한 시장 규모와 지속적인 수요에 의해 연구는 계속될 것이다.

둘째, 복잡한 혈액의 화학적 성질과 순환계의 메커니즘으로 인해 가까운 미래에 인간의 혈액을 완벽하게 대신할 수 있는 인공 혈액이 개발되기는 어렵겠지만, 단기적으로 인공 혈액 제품이 제한적인 적용 범위를 가지고 많은 분야에서 이용될 것이다.

셋째, 앞으로 10~15년 후에는 나노테크놀로지의 활용을 통해 산소를 더욱 빠르고 유연하게 전달할 수 있을 것이다. 나노 기술이 순환계의 모든 난제를 해결할 수는 없겠지만, 신체가 필요로 하는 곳에 통제된 방법으로 산소 분자를 흡수하고 내보낼 수 있는 방법들이 개발될 것이다.

넷째, 아주 가까운 미래가 되진 않겠지만, 진짜 혈액을 만들기 위해 줄기세포를 사용하는 방법이 실질적으로 혈액 공급을 늘릴 수 있는 가장 효과적인 방법으로 제시될 수 있을 것으로 보인다. 미국의 대표적인 줄기세포 전문 기업인 ACT(Advanced Cell Technology) 사는 줄기세포에서 혈구를 만드는 기술을 개발하였는데, 이러한 기술을 통해 제조된 혈구는 산소를 운반하는 능력이나 혈액의 다른 요소와 교류하는 능력 면에서 보통 혈구와 똑같다고 한다. 특히 중요한 것은, 이러한 줄기세포 활용 기술을 이용할 때 대량 생산이 가능하여 치료에 활용될 가능성이 매우 높아진다는 것이다.

조만간 인공 혈액이 활발하게 이용되어 혈액 부족으로 어려움을 겪고 있는 분야에서 고귀한 생명을 구하는 데 도움이 되기를 기대해본다. 이러한 일들이 현실로 되기 전까지는, 많은 사람들이 참여하는 헌혈만이 귀중한 생명을 살리는 유일한 대안일 것이다.

JUMP IN LIFE 04
선탠의 과학

자극과 반응, 항상성 유지, 생명의 연속성

한여름 해변에서 선탠을 즐기는 것은 상상만 해도 즐거운 일이다. 외국 영화에서나 볼 수 있었던 풍경들이 이제는 부산 해운대에서도, 서울의 한강 수영장에서도 자연스럽다. 선탠(suntan), 글자 그대로 태양에서 피부를 그을린다는 의미이다. 그런데 선탠을 해도 정말 피부가 괜찮은 것일까?

피부색은 왜 다를까?

세상에 공짜는 없다. 그냥 해변에 수영복 차림으로 누워 있다고 섹시한 피부를 만들 수 있다면 그건 뭔가 공짜의 냄새가 난다. 하지만 만약 피부를 차 달인 물로 매일 적셔준다고 하면 정성이 깃든다고 할

수도 있겠다. 그런 정성이라면 삼신할머니가 피부를 백옥같이 뚝딱 만들 수도 있을지 모른다. 그런데 단순히 태양 아래 누워 있다고 피부가 좋아질까.

한국인들은 황색의 피부를 가지고 있다. 물론 가끔 백옥같이 흰 피부를 가진 사람들이 있기도 하지만 황인종은 글자 그대로 황색의 피부를 가진 사람들이다. 우리나라 사람들이 가장 닮고 싶은 피부는 백색의 피부이다. 하지만 과학적으로 볼 때 건강한 피부는 오히려 검은색이다. 흑인들의 피부를 가까이에서 자세히 한번 보라. 윤기가 자르르 흐르고 만져보기라도 하면 탱탱하고 매끈한 것을 느낄 수 있다. 이와 반대로 백인의 피부를 코앞에서 자세히 들여다보면 반점 등이 쉽게 눈에 띄고 피부의 거친 면은 만지지 않아도 알 수 있을 정도다.

검은 색소는 피부를 지키는 근위대

피부는 태양에 따라 많은 변화를 겪는다. 즉 외부 자극에 반응하는 전형적인 생물체의 특성을 보여준다. 쉽게 변하는 마음을 가진 사람을 칭할 때 종종 쓰이는 카멜레온도 근처에 무엇이 있느냐에 따라 색을 변하게 하여 살아남는다. 인체는, 아니 모든 생물은 외부에 따라 적응한다. 한번 변한 생체는 다시 원상태로 돌아오는 이른바 항상성을 가지고 있다. 외부 기온이 높아져 신체의 온도가 오르는 일이 생기면 몸에서는 땀이 난다. 땀이 증발되어 날아가는 증발열로 몸을 식혀서 신체 온도를 정상으로 유지하는 것도 항상성의 하나라고 볼 수 있다.

한여름 태양에 그을린 피부도 이러한 항상성의 한 방편이다. 태양빛은 눈에 보이는 청색, 녹색 등의 가시광선과 자외선, 적외선 등이 포함되어 있다. 그중 피부에 가장 많은 영향을 주는 것은 자외선이다. 자색, 즉 보라색의 외부에 있는 자외선은 따라서 보라색보다 파장이 짧아서 그만큼 강한 에너지를 가진다. 이런 특성 때문에 자외선은 살균 등으로도 쓰인다.

태양빛을 쏘인다는 것은 따라서 강한 자외선을 피부에 쬔다는 이야기이다. 균을 죽이기도 하는 자외선을 피부가 받으면 무슨 일이 생길까? 당연히 피부 세포는 피해를 입는다. 피부의 가장 바깥에 있는 각질형성세포(Keratinocyte)가 자외선 폭격을 받으면 우선 중요한 유전 물질인 DNA가 손상을 입는다. 손상된 유전자는 대부분 치료가 되어 복구된다. 하지만 손상 정도가 심해서 DNA 염기끼리 짝을 이루는 손상을 받으면 이로 인해 DNA 복제 때 엉뚱한 DNA가 생긴다. 그런 경우 암이 발생할 확률이 높아진다. 피부암을 일으키는 주요 요인이 자외선이라고 하는 이유이다.

인체의 최외곽 방어선

피부는 인체의 최외곽 방어선이다. 피부는 자외선의 공격에 대항하여 피부를 검게 만든다. 즉 태양을 쐬면 피부가 검어지는 것은 자연스런 피부의 방어 기능이다. 피부 세포는 멜라닌이라는 검은 색소를 만들고, 이 멜라닌 색소가 하는 일은 피부 세포의 핵을 둘러싸는 일이다. 핵 속에는 무엇이 있는가? 인체의 가장

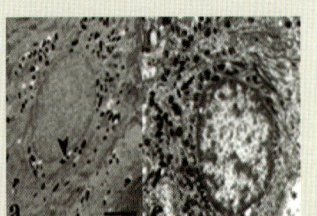

피부세포에서 유전 물질이 있는 핵(가운데 둥근 부분)을 자외선으로부터 보호하려고 둘러싸고 있는 멜라닌 색소 (검은 반점들)

중요한 정보를 가지고 있는 DNA가 들어 있다. 참으로 오묘한 현상이다. 마치 외부 공격을 받는 왕을 보호하려고 몰려드는 근위대 병사처럼 둘러싸는 모습이 전자현미경으로도 관찰이 되니 말이다. 그런 의미에서 검은 색소는 피부의 근위대이고, 이런 근위대를 잘 만드는 사람들이 검은색 피부를 가진 흑인종이다. 반면 창백한 피부를 가진 백인종의 경우, 이런 근위대의 소집 능력 등이 부족하여 종종 전투에서 치명상을 입어 피부암으로 발전하게 된다.

피서를 몰래 다녀왔다고 해도 그을린 피부 때문에 해변에 다녀왔음을 숨기기는 힘들다. 원래의 피부색으로 되려면 약 한 달여가 걸린다. 즉 외부 자극에 대해 피부는 멜라닌을 만들고 외부 자극이 없어지면 더 이상 멜라닌을 만들지 않는다. 한번 만들어진 멜라닌은 스스로 분해되기도 하지만, 피부 아래부터 계속 자라 올라오는 피부의 각화 현상으로 점점 연해져 다시 원래의 피부색이 된다.

기능성 화장품, 피부과학의 첨단 상품

그럼 여름휴가를 신나게, 그리고 안전하게 즐기는 방법은 없을까? 아니면 좀 더 발전하여 하얗고 건강한 피부를 유지할 수 있는 방법은 없는 것일까? 이런 요구에 부응하여 만들어진 것이 기능성 화장품이다. 기능성 화장품이란 화장품 중에서도 특별한 치유, 예방, 보호 기능 등이 있는 것을 의미한다. 피부를 꾸미는 것, 예를 들면 립스틱 같은 것은 글자 그대로 피부를 꾸미지만 여기에 기능을 첨가하여 피부를 건강하게 만들고 변화시키는 것을 의미한다.

여름철 해변에서 반드시 사용해야 할 것은 자외선 차단제이다. 갈색

의 피부가, 그을린 피부가 좋다고 하는 것은 허상이다. 그을리면 그만큼 화상, 염증에 의한 피부 손상 그리고 암이 발생할 수 있다. 그렇게 갈색의 피부를 원하면 자외선에 의해 멜라닌이 생성되게 하지 말고 다른 방식으로 멜라닌이 생성되게 하는 방법을 쓰는 게 낫다. 이러한 목적으로 인공태닝 제품이 나와 있기는 하지만 국내에서는 별 인기가 없다. 그 이유는 한국 사람들, 아니 동양인들에게는 흰 피부가 미인의 자격 조건으로 오래전부터 머릿속에 박혀 있기 때문이다. 자외선 차단 화장품은 자외선 차단제를 함유하고 차단 능력에 따라 숫자로 표시된다.

만약 본래의 피부색보다 더 흰 피부를 원한다면 두 가지 방법이 있다. 지금까지 자외선 차단제를 바르지 않고 일상생활을 했다면 지금부터는 자외선 차단제를 바르는 것이다. 외부로부터 자극을 없애면 피부는 멜라닌 색소를 만들지 않는다. 자외선 차단제가 수동적으로 자외선에서 피부를 보호하는 것이라면, 미백 화장품은 적극적으로 피부를 희게 만든다. 멜라닌 색소를 만드는 것을 막는 것이다. 피부과학자들은 멜라닌을 만드는 주요 기작이 자외선을 쪼이면 발생하는 활성산소라는 것을 알아냈다. 즉 자외선 공격을 받으면 유리기 같은 위험한 물질을 생성해 피부 세포에 어떤 신호를 보낸다. 이러한 유리기 신호 물질을 제거해주는 것이 하나의 방법이다. 이 유리기는 멜라닌을 만들기도 하지만 세포 내의 물질들을 공격하여 피부를 늙게 만든다. 즉 피부 주름의 원인이다.

따라서 유리기를 제거해주는 물질은 두 가지 역할을 한다. 하나는 멜라닌을 만들지 않게 해서 피부를 희게 하고, 또 하나는 피부 손상을 보호하여 피부 주름을 방지한다. 그야말로 일석이조이다. 이런 유리기 제거 물질을 우리는 '항산화제'라고 부른다. 따라서 항산화제가 많이 든 물질을 피부에 바르는 것은 가장 효과적인 피부 보호법인 셈이다. 예를 들면 포도 씨에 들어 있는 기름 성분, 또는 차에 포함된 성분, 비타민 C 등등의 물질이다.

하지만 포도 씨 기름을 직접 얼굴에 바르고 다니기는 쉽지 않다. 우선 끈적끈적한 느낌이 싫고 더구나 줄줄 흘러내릴 것이 아닌가. 또한 차 달인 물로 얼굴을 어떻게 촉촉하게 유지할 것인가. 게다가 차 달인 물은 조금 있으면 갈색으로 산화된다. 기능성 화장품은 이런 기능성 물질을 피부에 쓸 수 있도록, 피부 침투, 산화 안정성 그리고 사용감이 좋도록 여러 가지 과학 기술을 이용해 만든 제품이다. 이제부터는 무조건 해변에 수영복 바람으로 다닐 것이 아니다. 피부의 방어 원리를 이해하고 이런 목적의 기능성 화장품을 제대로 사용하는 것이 현명한 방법이다.

 활성산소(oxygen free radical)

산소가 연소되면서 생기는 일종의 부산물로서, 호흡 과정에서 몸속으로 들어간 산소가 산화 과정에 이용되면서 여러 대사 과정에서 생성되어 생체 조직을 공격하고 세포를 손상시키는 산화력이 강한 산소를 말한다. 보통 산소 원자가 외곽에 짝으로 채워진, 즉 짝수의 전자를 가지는데, 활성산소는 홀수의 전자를 가진다. 이 활성산소는 상당히 반응성이 강해서 다른 분자와 반응을 쉽게 하여 그 분자의 고유 기능을 방해하고 몸의 조직을 상하게 한다. 이 활성산소는 유리기(radical)라 부르는 물질 중의 하나로 우리 몸에는 많은 종류의 유리기가 발생한다. 몸 자체에서는 이러한 위험한 유리기, 활성산소 종들을 없애는 시스템이 있다. 이를 위해서 비타민 C 등 유리기를 없애는 항산화제를 먹어서 보충하기도 한다.

제4장

유전과 생명의 연속성

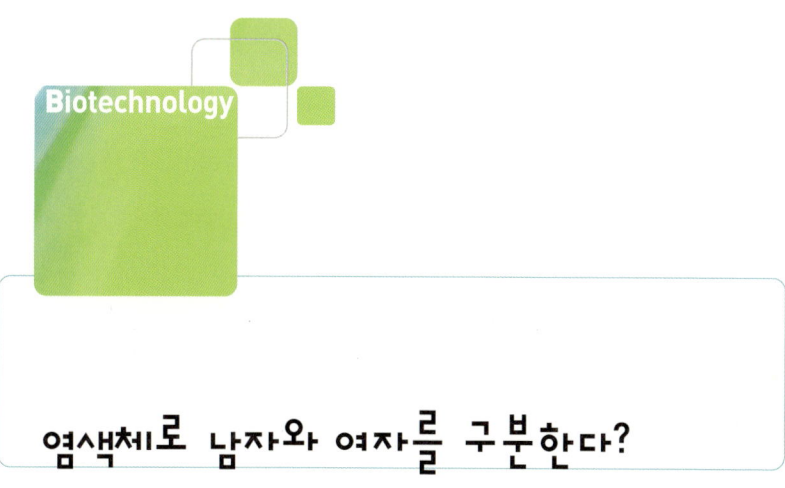

염색체로 남자와 여자를 구분한다?

📖 생식과 발생, 유전형질, 돌연변이

남성과 여성의 유전적 차이는 남성은 XY 성염색체를 가지고 있고 여성은 XX 성염색체를 가지고 있는 것이다. 이 차이로 인해 남성과 여성은 서로 다른 모양과 기능의 생식기를 가지게 된다. 자신의 생식기를 보면 누구나 자신이 여성인지 남성인지를 알 수 있다. 그런데 성인이 될 때까지 여성으로서 정상적인 삶을 살아온 한 사람이 어느 날 갑자기 '당신은 여성이 아닌 남성입니다'라고 판정을 받는다면 이보다 더 황당한

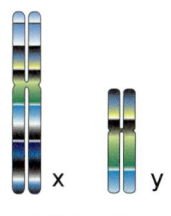

X염색체와 Y염색체.
X염색체가 Y염색체보다 크다.

일이 있을까. 스페인의 세계적인 여자 육상선수 마리아 파티노가 그런 경우이다. 허들 선수인 파티노는 1985년 일본 고베에서 개최된 세계 대학 선수권 대회에 참가하였다. 그곳에서 파티노는 다른 여성 선수들과 함께 성 감식 테스트를 받았다.

성 감식 테스트

성 감식 테스트는 세계적 수준의 여성 운동선수들에게는 꽤나 익숙한 테스트였다. 세계 정상급의 기량을 보이는 옛 소련과 동구권 유럽 출신의 여성 선수 중에는 실제로는 남성인 선수들이 있다는 소문이 끊이지 않았기 때문에, 1966년 부다페스트에서 개최된 유럽 육상 선수권 대회에서 이 테스트가 처음 도입되었다. 대회에 참가한 여성 선수들은 자신이 여성임을 입증하기 위해 부인과 전문의로 구성된 심사위원단 앞을 벌거벗은 채로 줄지어 걸어가야 했다. 결국 테스트에 참가한 선수 중에 실격 처리된 선수는 없었다. 하지만 현역에서 왕성하게 활동하던 세계 정상급의 몇몇 소련 선수들이 이 제도가 도입된 이후로 갑자기 불참하기 시작함으로써 여성 선수에 대한 성 감식 테스트의 필요성이 입증된 것이나 다름없었다.

이 제도가 도입되고 나서 2년 후인 1968년 멕시코 올림픽에서는 성 감식 테스트가 보다 발전된 새로운 방법으로 진행되었다. 선수의 볼 안쪽의 구강 내 조직 세포를 긁어내어 염색체를 검사하는 방법이다. 채취된 세포가 여성의 성염색체인 XX를 가지고 있으면 현미경을 통해 검은 점이 관찰되지만, 남성의 성염색체인 XY를 가지고 있으면 검은 점이 관찰되지 않는 특징을 이용한 매우 간편한 남녀 감별 방법이었다. 이제 여자 선수들은 벌거벗은 채로 심사위원 앞을 줄지어 걸어갈 필요가 없게 되었다.

남성 판정을 받은 여자

1985년 고베 대회에 참가한 파티노는 여성임을 입증하기 위해 이 방법으로 테스트를 받았다. 그녀는 자신이 여성임을 한 번도 의심해본 적이 없었기 때문에 아무 걱정 없이 테스트를 받았다. 그러나 놀랍게도 판정 결과는 남성으로 나타났다. 파티노의 성염색체는 여성의 것인 XX가 아니라 XY였던 것이다. 파티노에게는 청천벽력과도 같은 결과였다. 겉모습에서 그녀가 여성이 아니라고 할 만한 점은 아무것도 없었다.

결국 파티노는 그해 경기에 참석하지 못하고 스페인으로 되돌아갔다. 그 후에도 파티노는 육상 훈련을 계속했다. 몇 달 후에는 스페인 육상협회로부터 경기에 참가하지 말라는 경고를 받고도 이를 무시하고 국내 대회에 참가하여 우승을 하였다. 그러나 대회가 끝난 다음 주에 파티노는 스페인 국가 대표에서 축출되었고 우승도 박탈당했다. 이와 같은 우여곡절을 거치고 나서 2년 반 뒤 파티노는 결국 국제 아마추어 육상연맹에 의해 다시 복권이 결정되었다. 어떻게 이와 같은 일이 가능했을까?

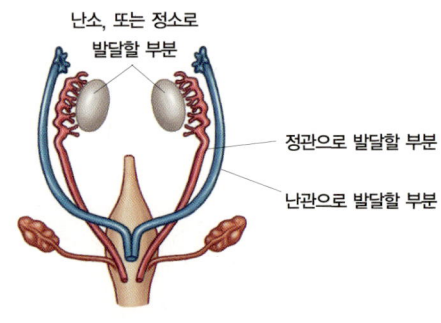

태아 초기의 생식기

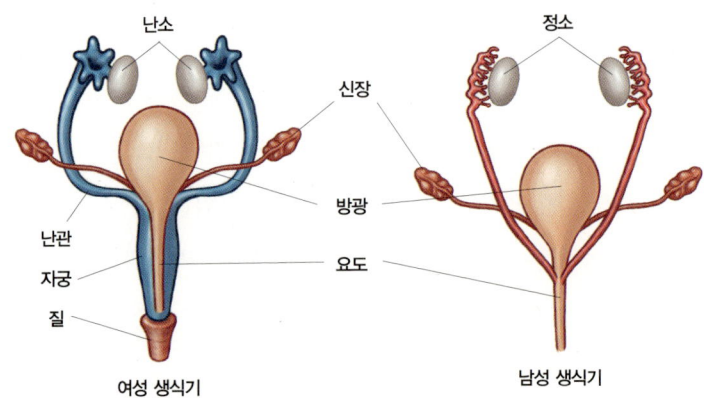

여성 생식기   남성 생식기

태아 초기의 생식기는 남성과 여성의 구별 없이 동일한 형태를 갖고 있다.
이후 호르몬 작용에 의해 남성과 여성 생식기가 구별되어 발달한다.

남녀의 생식기관은
어떻게 만들어질까?

이를 이해하기 위해 남성과 여성의 생식기관이 생성되는 과정을 살펴볼 필요가 있다. 남성과 여성의 생식기관의 구조는 외부에 드러나는 겉모양뿐만 아니라 몸속 내부에 위치한 내부 생식기관의 구조도 당연히 다르다. 그러나 엄마 뱃속에서 태아가 형성되면 애초에는 그 태아가 남성이든 여성이든 관계없이 모두 동일한 형태의 생식기관이 먼저 형성된다. 일단 초기 상태에는 남녀 구별 없이 동일한 생식기관이 생긴 후에, 남성 호르몬 또는 여성 호르몬의 작용에 의해 그 형태가 남성 생식기관 또는 여성 생식기관으로 발달돼가는 것이다.

생식기관은 크게 외부 생식기와 내부 생식기로 나뉘는데, 외부 생식기란 우리가 육안으로 식별할 수 있는 남성과 여성의 성기를 말한다. 그리고 내부 생식기란 몸속에 위치하여 우리 눈에는 안 보이는 기관으로서 여성의 경우에는 난자를 만들고 배출하는 기관을 말하고, 남성 경우에는 정자를 만들고 배출하는 기관이 여기에 해당한다.

남성의 생식기를 결정하는 Y염색체

태아의 초기 생식기는 일단 남녀 구별 없이 정자 생성 기관과 난자 생성 기관 모두가 만들어질 수 있는 형태로 생성된다. 다음 단계에서 남성의 경우에는 난자 생성 기관이 퇴화하고 정자 생성 기관만이 발달하고, 남성 특유의 외부 생식기가 발달하게 된다. 반면에 여성의 경우에는 정자 생성 기관이 퇴화하고 난자 생성 기관만이 발달하며 여성 고유의 외부 생식기가 생성된다. 이 과정에서 남성 생식기로 발달될지 또는 여성 생식기로 발달될지는 성염색체인 X, Y가 결정한다.

알다시피 남성은 XY 염색체를 가지고 있고, 여성은 XX 염색체를 가지고 있다. X 염색체는 남성과 여성이 모두 다 가지고 있는 반면에, Y 염색체는 남성만이 가지고 있다. 남성이 가지고 있는 Y 염색체 상에는 정자를 만드는 기관을 발달하게 하는 유전자가 포함되어 있다. 이 유전자가 작동을 하면 남성 성기의 발달을 촉진하는 호르몬이 분비되는 반면에, Y 염색체가 없는 여성의 경우에는 난소가 발달하고 난소에서 여성 성기의 발달을 촉진하는 호르몬이 분비된다.

XY 염색체를 지닌 여성이 있을 수 있을까?

그렇다면 어떻게 파티노처럼 남성 성염색체인 XY를 가진 사람이 여성의 성기를 가지고 태어나게 되는 것일까? 이제는 파티노 같은 여성에 대한 과학적 연구를 통해 이에 대하여 잘 이해하게 되었고, 생물학 책에도 'XY 여성'이란 용어로 소개되고 있다. 'XY 여성'의 경우에는 Y 염색체에 의해 만들어지는 남성 호르몬이 정상적으로 분비되지만, 이 호르몬을 인지하는 데 필요한 수용체에 결함이 있다. 호르몬이 정상적으로 작용을 하려면 두 단계가 필요하다. 즉 먼저 호르몬이 생성되어야 하고, 다음으로는 생성된 호르몬이 몸에 의해 인지되어야 한다. 둘째 단계인 호르몬을 몸이 인지하는 과정에서는 호르몬을 인지하는 수용체가 그 역할을 한다. 그런데 'XY 여성'은 이 두 번째 단계에 문제가 있는 것이다.

'XY 여성'의 경우에 Y 염색체가 작동하여 정자와 남성 호르몬을 만드는 기관인 정소가 정상적으로 만들어지지만, 남성 호르몬이 체내에서 정상적으로 인지되지 못함으로써 정자를 배출하는 통로는 정상적으로 발달하지 못한다. 따라서 남성의 내부 생식기가 온전하게 발달하지 못한다. 외부 생식기의 생성은 남성 호르몬이 제대로 작용하느냐 그렇지 않느냐에 따라 남성 성기로 혹은 여성 성기로 발달한다. XY 여성은 남성 호르몬이 제대로 인지되지 못하므로 외부 생식기는 여성의 성기가 발달한다. 그래서 외부로 드러나 보이는 성기의 모습은 여성의 모습을 하게 되는 것이다.

늘씬한 외모의 XY 여성

'XY 여성'은 태어날 때 매우 정상적인 여성 외부 생식기를 가진 여자아이로 태어난다. 여성 호르몬도 생성되어 외모도 여성으로서 갖추어야 할 모든 것을 갖춘 정상적인 여성으로 성장한다. 본인이나 가족들도 아무 비정상적인 징후를 감지하지 못하며, 지극히 정상적인 여성으로 성장한다. 그러나 여성의 성기와 여성의 외모를 가진 이 아이는 몸속에 난자 생성 기관 대신에 정자 생성 기관을 가지고 있다. 사춘기에 접어든 어느 날, 이 여자아이는 자신이 충분한 연령에 도달했는데도 불구하고 생리가 시작되지 않은 것을 깨닫게 된다. 하지만 단지 임신을 할 수 없다는 점을 제외하고, XY 여성은 XX 염색체를 가진 정상 여성과 큰 차이가 없는 것으로 나타나고 있다.

XY 여성은 외모 면에서 일반적으로 늘씬한 다리, 잘 발달된 가슴, 깨끗한 피부를 가짐으로써 스포츠 선수, 패션모델, 영화배우로 성공하기에 적절한 조건을 갖추고 있다. 이 분야의 전문가에 따르면, 적어도 2명의 잘 알려진 미국 여배우가 XY 염색체를 가지고 있다고 한다. 물론 본인들은 이 사실이 알려지기를 원치 않지만 말이다.

안드로젠 내성 증후군(Androgen Insensitivity Syndrome · AIS)

AIS란 유전자로는 남성(XY)이지만 체내의 남성 호르몬 수용체에 이상이 생겨 외형적으로 여성처럼 보이는 증후군이다. 10만 명당 2~5명 정도의 발병 빈도를 보이는 이 증후군에 걸린 환자를 한눈에 알아볼 수 있는 방법은 없다. 심지어 본인조차 자신이 XY 염색체를 가지고 있다는 사실을 모른 채 살아가는 경우가 많을 정도다. 외형적으로는 남성의 성기나 고환도 없다. 다만 자궁이 없어 임신이 불가능하고, 생리를 하지 않는다.

피하지방을 유도하는 여성 호르몬의 분비가 적기 때문에 AIS 환자들은 키가 크고 마른 체형일 가능성이 높다. 이 때문에 일부 유명 스타들이 AIS 환자일지도 모른다는 의혹을 받기도 했다. 특히 중성적인 외모를 지닌 스타인 경우 이 의혹은 더욱 커지기 마련이다.

2006년 아시안게임에서 '남성'으로 밝혀져 은메달을 박탈당한 인도의 육상 선수 산티 순다라얀도 나중에 안드로젠내성증후군 때문인 것으로 드러났다.

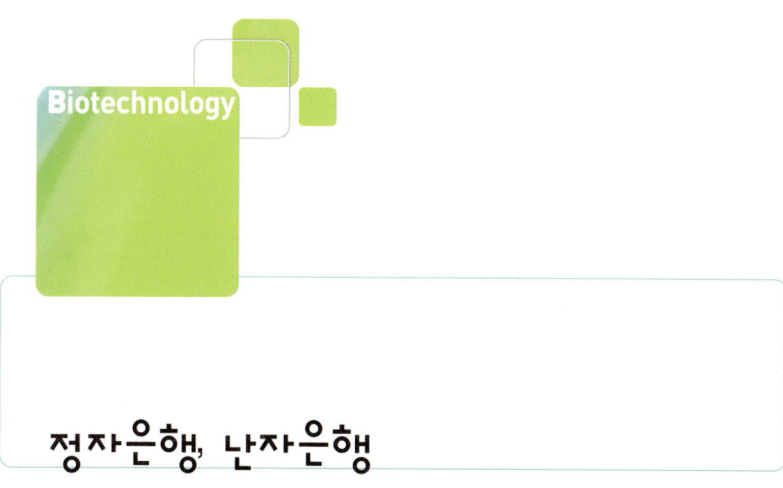

정자은행, 난자은행

📖 생식과 발생, 생식기관

영화 〈데몰리션맨〉에는 죄수를 얼린 채로 감금하는 냉동 감옥이 등장한다. 인체를 냉동시켰다가 원하는 시기에 해동시켜 다시 소생시키는 작업을 마음대로 할 수 있는 기술을 소재로 삼고 있다. 인체를 얼렸다 녹이는 것은 아직 현재의 기술 수준과는 거리가 있는 이야기지만, 인체를 구성하는 세포를 얼려두었다가 원하는 시기에 녹여서 다시 소생시키는 기술은 이미

영화 〈데몰리션맨〉에는 인간을 얼려서 감금하는 냉동 감옥이 등장한다.

확보되어 이용되고 있다.

줄기세포 냉동 보관

줄기세포 연구에 대한 기대감이 커짐에 따라, 줄기세포를 포함하고 있는 제대혈(臍帶血, cord blood)을 냉동 보존하는 서비스가 국내에서도 시작되었다. 제대혈이란 태아의 탯줄 혈액을 일컫는 말로서, 제대혈에는 각종 질환의 치료에 사용될 수 있을 것으로 기대되는 성체줄기세포가 포함돼 있다. 피를 만드는 줄기세포인 조혈모세포는 백혈병 등 혈액 관련 난치병에 사용될 수 있고, 제대혈 내의 줄기세포는 이 밖에도 뇌신경 질환, 척수 손상 등의 난치병 치료에 이용될 수 있을 것으로 기대되고 있다.

아이가 태어나면 병원에서 100mL 정도의 제대혈을 채취하여 24~48시간 이내에 제대혈 보관 서비스 업체로 옮겨 섭씨 영하 196도의 액체질소 탱크에 보관한다. 이렇게 보관된 제대혈이 생존성을 가지고 제대로 보관되고 있는가에 대한 논란도 있고, 제대혈 보관에 대해 회의적으로 보는 시각도 있지만 이 서비스를 이용하는 젊은 부부들이 꽤 많다고 한다.

> **제대혈**
> 출산 때 탯줄에서 나오는 탯줄혈액. 백혈구와 적혈구·혈소판 등을 만드는 조혈모세포를 다량 함유하고, 연골과 뼈·근육·신경 등을 만드는 간엽줄기세포도 갖고 있어 의료 가치가 매우 높다.

난자 냉동 보관 비즈니스

제대혈 냉동 보관뿐만 아니라 최근에는 난자를 냉동 보관하는 비즈니스도 성행하고 있다. 지금까지는 불임클리닉 시술을 위해 제공되는 난자를 보관하는 것이 냉동난자 보관의 대부분을 차지했으나, 이와는 다른 경우가 등장하기 시작했다. 미국의 경우에 임신에 문제가 없는 30대 여성들이 자신의 난자를 냉동 보관해 달라고 찾아오는 경우가 줄을 잇고 있다는 것이다. 직장 생활에 지장을 주는 출산을 뒤로 미루려는 여성들이 늘면서, 젊었을 때 건강한 난자를 보관했다가 이를 이용해 나중에 아이를 갖겠다는 생각이다.

이에 대해 찬반양론도 분분하다. 이 방법으로 임신 시기를 조절하는 것은 1970년대에 등장한 피임약처럼 여성에게 선택권을 줄 것이라는 찬성론이 있는가 하면, 아직 충분히 검증되지 않은 기술이라는 반대론도 만만치 않다.

변호사로 일하는 캐나다의 한 여성은 선천적으로 불임인 어린 딸을 위해 자신의 난자를 냉동 보관해놓았다. 현재 일곱 살인 딸은 성염색체 XX 중 한 개가 결손되어 나타나는 터너 증후군을 가지고 태어났다. 이 경우 폐경이 빨리 찾아와 성인이 되어도 난자를 생성하지 못하게 된다. 엄마는 나중에 딸이 자라서 엄마의 난자를 사용할 것인지 말 것인지 스스로 결정하도록 해놓았다. 그런데 만일 엄마의 난자를 사용해 자신의 아이를 임신하여 낳게 된다면, 태어난 아이의 '육체적 엄마'와 '유전적 엄마'가 다르게 된다. 태어난 아이의 입장에서는 외할머니가 유전적 엄마이고, 자기 엄마와는 씨가 다른 형제가 되는 셈이다. 태어난 아이 아빠의 입장에서 이 아이는 자신의 딸인 동시에 장모의 딸이고, 자기 부인과는 씨 다른 형제가 된다. 현재 이와 같은 아이의 정체성 문제로 인해 윤리 논쟁이 벌어지고 있다.

정자 냉동 은행

정자도 냉동되어 보관된다. 정자는 난자에 비해 채취가 쉽기 때문에 다양한 종류의 정자를 다량으로 확보하기가 용이하다. 한 예로 미국 워싱턴 DC 교외에 위치한 페어팩스 냉동 은행은 다양한 종류의 정

터너증후군

염색체 이상의 일종으로서, 정상 여성의 경우 성염색체가 XX 두 개인 데 반해, X 염색체가 하나밖에 없기 때문에 발생하는 증후군이다. X 염색체가 두 개라 하더라도 한 개에 부분 결손이 있는 경우도 이에 해당한다. 1938년 헨리 터너(Henry H. Turner)가 처음으로 보고하였다. 생식기는 정상 여성의 형질이 나타나지만, 난소의 발육이 완전하지 않아 2차 성징이 나타나지 않는다. 키가 작고, 지능에 문제가 있는 경우도 있다. 간혹 목에 물갈퀴 모양의 살이 생기는 경우도 있다. 터너증후군은 여자 2,000~2,500명 중 1명이 발생하는 비교적 흔한 유전 질환이다.

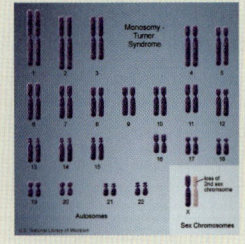

자를 확보하여 보관하고 있다. 남편이 불임인 여성들은 이 정자 은행에 보관된 정자를 이용하여 인공 수정을 통해 임신을 할 수 있다. 인공 수정을 원하는 여성들은 정자를 선택할 때, 당연히 정자 기증자에 대한 자세한 정보를 알고 싶어한다. 대부분 남편과 외모와 성격을 비롯해 생물학적 유사성이 높은 아이를 갖고 싶어한다. 따라서 상세한 정보를 가지고 있는 정자일수록 그 가치가 높기 때문에 정자 기증자는 엄격한 신체검사, 질병 검사, 가족 병력 등을 포함해 세세한 인적 사항 등을 제공해야만 한다.

정자는 기증자의 정보에 따라 세 등급으로 분류되어 보관된다. 정보가 자세할수록 높은 등급을 받는다. 또 이와는 별개로 최상급 대우를 받는 정자 그룹이 있는데, '박사급'으로 분류되는 그룹이다. 이 그룹에 속하는 정자 제공자는 대부분 박사과정 학생이거나 박사학위 소지자들로서, 이 그룹의 정자는 다른 그룹보다 적어도 30% 이상 비싼 가격에 판매된다. 고학력 소유자는 일반적으로 높은 지능을 지니고 있을 것으로 여겨지기 때문에 똑똑한 유전자를 후대에 물려주고 싶은 고객에게 비싼 가격에 판매되는 것이다.

인체 냉동 서비스

이렇듯 정자와 난자를 포함해 세포를 얼려두었다가 원하는 시기에 녹여서 다시 사용하는 기술은 이미 확보되어 이용되고 있다. 하지만 인간의 몸 전체를 얼렸다가 추후에 녹여 소생시키는 기술은 아직은 불가능한 이야기이다. 그러나 인체의 냉동 보존 서비스를 시작했다는 보도가 있다. 미국 애리조나 주에 위치한 '알코르생명연장재단'은 1972년부터 이 서비스를 시작했다고 한다. 불치의 병으로 사망한 사람을 냉동시켜 보관하고, 미래에 불치병을 치료하는 방법이 개발되면 냉동 인간을 녹여서 치료함으로써 생명을 연장시키겠다는 것이다.

'애니타 리스킨'이라는 여인은 뇌, 폐, 가슴, 다리, 간, 콩팥 등 온 몸에 이미 암세포가 퍼져서 치료할 가능성이 전혀 없는 상태였다. 사랑하는 남편과 그대로 헤어지기 싫었던 애니타는 냉동 인간이 되기로 결정하였다. 그러고는 50년 후에 다시 살아나면 미트볼과 스파게티를 제일 먼저 먹고 싶다고 했다. 애니타는 2006년 2월 2일 '사랑한다, 다시 만나자'는 말을 남편에게 남기고 세상을 떠났고, 사망 직후 냉동 보존되었다. 애니타는 과연 50년 후에 남편과 다시 만나서 미트볼과 스파게티를 먹을 수 있을까?

현재로서는 냉동 과정에서 손상된 세포를 복원할 수 있는 기술이 개발되지 않은 상태다. 하지만 미래에 언젠가는 냉동 시에 파괴되었던 세포 조직을 해동 시에 복원시키는 기술이 개발될 것으로 기대되고 있다. 물론 더 바람직한 것은, 냉동할 때 아예 세포에 손상을 주지 않는 기술이 개발되는 것이겠지만 말이다.

줄기세포와 생명 윤리

📖 생식과 발생, 생명공학의 문제점

영화 〈아일랜드〉에는 의뢰인에게 건강한 조직과 장기를 공급하기 위해 의뢰인의 세포를 이용해 사람을 복제하는 내용이 나온다. 복제 인간들은 로또에 당첨되는 것처럼 꿈의 낙원인 '아일랜드'로 갈 수 있는 날이 오기를 기대하지만, 아이러니하게도 아일랜드로 가는 행운을 얻는 날은 곧 죽음을 의미한다. 바로 그날은 의뢰인을 위한 장기를 적출하기 위해 복제 인간이 희생되어야 하는 날이기 때문이다. 물론 이와 같은 일은 인권 보호 및 생명 윤리라는 측면에서 있을 수 없는 일이고, 있어서도 안 되는 일이다. 하지만 각종 질병을 치료할 수 있는 미

영화 〈아일랜드〉에서 인간을 복제하는 장면

래의 치료 기술로 인정받는 줄기세포(stem cell)와 개체 복제와 관련된 기술들이 영화 속 내용과 같은 목적으로 사용되지 않으리라 확신하기 어려운 면도 있다. 또한 현재 만들고 있는 배아줄기세포(embryonic stem cell)의 경우에도 세포주를 개발하기 위해 건강한 난자가 대량으로 필요하고, 독립된 개체로 만들 수 있는 클론 제조 기술이 제조 과정에 포함되어 여성의 인권 보호와 생명 윤리라는 측면에서 많은 논란이 되고 있다.

생명 윤리법이란?

「생명윤리 및 안전에 관한 법률」, 즉 줄여서 생명윤리법은 우리나라에서 유일한 생명윤리 관련법이다. 하지만 오히려 인간 생명의 존엄성을 위협하는 독소 조항

클론(Clone)
단일세포 또는 개체로부터 무성적인 증식에 의해 생긴 유전적으로 동일한 세포군 또는 개체군.

을 안고 있다고 평가되기도 한다. 생명윤리법은 2003년 12월 29일 국회 본회의를 통과한 뒤에 1년간의 유예 기간을 거쳐서 2005년 1월 1일부터 발효됐다. 이것은 생명 윤리 및 안전을 확보해 인간의 존엄과 가치를 침해하거나 인체에 해를 끼치는 것을 막고, 생명과학 기술이 인간의 질병 예방 및 치료 등을 위해 이용될 수 있도록 하기 위해 제정되었다. 그리고 대통령 소속 국가생명윤리심의위원회를 설치하고 배아 연구 기관, 유전자은행, 유전자 치료 기관 등에 기관생명윤리심의위원회를 두며, 인간을 복제하기 위해 체세포 복제 배아를 자궁에 착상, 유지 또는 출산하는 행위를 금지하는 것 등을 내용으로 담고 있다. 생명윤리법의 원래 취지는 첨단 과학 및 의학의 발달로 인해 새롭게 야기되는 윤리적인 문제점들에 대한 대응에 그 강조점을 두고 있다. 다시 말해 기존의 법률과 제도만으로는 통제할 수 없는 새로운 양상과 범위의 윤리 문제들을 다루기 위한 법으로, 인간의 생명에 대한 존엄성을 바탕으로 이를 훼손하지 않도록 하기 위해 제정됐다.

> **유전자은행**
> 특정한 유전자를 클론이나 종자로서 보유하고 필요에 따라 공급하는 시설.

줄기세포의 종류와 새로운 가능성

줄기세포는 우리 몸을 구성하는 세포를 만들어내는 '어머니세포'이다. 이러한 줄기세포는 난치병으로 인해 세포 및 장기의 기능이 정상적으로 기능하지 못할 때 장기 기능을 담당할 수 있는 세포를 재생

해냄으로써 난치병을 치료하는 효과를 기대할 수 있기에 그동안 많은 관심과 연구의 대상이 되어왔다. 현재 치료 목적으로 사용될 수 있는 줄기세포는 크게 배아줄기세포와 성체줄기세포(adult stem cell)로 나눌 수 있는데, 이 둘은 획득 과정에서 전혀 다른 방법을 통하게 된다. 배아줄기세포는 필연적으로 수정된 배아를 파괴해야만 세포 재생의 목적으로 사용될 수 있는 배아줄기세포를 얻을 수 있다. 물론 최근에는 배아줄기세포와 비슷한 특성을 지닌 줄기세포를 피부 세포에 특정 유전자를 도입하여 인위적으로 만들 수 있다는 연구 결과가 제시되어 이러한 배아 파괴의 문제점을 최소화할 가능성이 커졌다. 하지만 여전히 이렇게 유도된 세포와 배아줄기세포는 다른 특성을 나타내는 것으로 나타나고 있다. 반면, 성체줄기세포는 탯줄 혈액이나 골수 및 기타 다른 조직에서 채취할 수 있어서 공여자에게 피해를 주지 않고 얻을 수 있다.

　배아줄기세포는 증식력이 높다는 것과 보다 다양한 종류의 세포로 분화될 수 있다는 것이 장점이다. 때문에 각종 질병 및 노화에 의한 장기의 기능 불량을 극복할 수 있도록 해줄 가능성이 높다. 하지만 이러한 장점이 부정적 측면으로 작용하여 몸속에서 암을 유발할 수도 있으며, 또 원하는 특정 세포로만 분화시키기가 매우 어렵다는 문제점이 있다. 성체줄기세포는 이와 달리 절제된 증식력으로 인해, 체내

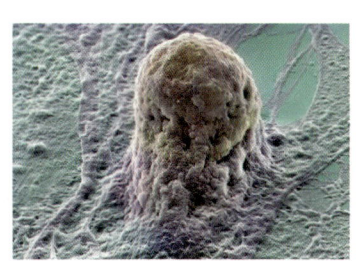

배아줄기세포

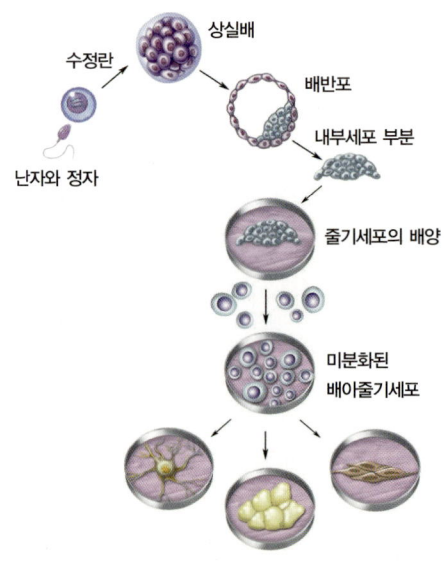

줄기세포의 이용

에 들어가도 일반적으로 암을 유발하지 않으며 커다란 부작용이 없는 것으로 알려져 있다. 비교적 정해진 세포를 만들어내는 특징을 가지고 있으며, 이는 분화 능력이 전문화된 세포라는 것을 의미한다.

또 한 가지 줄기세포의 실용화를 위해 극복해야 할 중요한 문제는 세포를 이식한 후에 나타날 수 있는 면역 거부 반응이다. 배아세포의 경우 태어나지 않은 다른 사람의 배아이므로 환자 또는 피이식자와는 줄기세포의 조직형이 다르다. 이를 극복하는 방법으로 환자의 유전자가 들어 있는 세포핵을 이용하여 줄기세포를 만들 수 있는데, 난자의 핵을 빼내어 다른 사람의 체세포핵을 대신 넣어주는 과정이 바로 배아복제이므로, 이렇게 줄기세포를 만들어내는 과정은 장차 태어날 생명

> **성체줄기세포**
> 외부의 충격이나 노화 등으로 죽은 세포는, 그 기능을 계속해 나갈 새로운 세포가 생겨야 하는데, 이러한 새로운 세포를 공급하는 것이 성체줄기세포이다. 즉, 성체줄기세포는 필요한 때에 특정한 조직의 세포로 분화하게 되는 미분화 상태의 세포이다.

을 인위적으로 제조할 수 있다고 하는 윤리적 문제가 있다. 또 기술적으로도 매우 복잡할 뿐 아니라 복제된 줄기세포가 정상적 세포로 작동할 수 있기까지 상당한 검증이 필요하다. 최근에는 환자의 피부 세포와 같은 체세포에 배아줄기세포와 비슷한 분화·증식 능력을 지닌 줄기세포로 분화가 가능하도록 유전자를 도입하고, 이러한 과정을 통해 유도다기능줄기세포 또는 체세포역분화줄기세포라는 줄기세포 제조 기술이 개발되어 이러한 면역거부반응의 문제를 해결할 것으로 보인다. 하지만 치료에 이용되기까지는 아직도 많은 부분이 검증되어야 하는 상황이다.

성체줄기세포는 실용화하기 위한 많은 장점을 갖고 있다. 실제로도 난치병 환자를 치료하기 위한 임상 실험에서 많이 이용되고 있다. 심근경색증, 혈관 폐쇄 질환, 뇌졸중, 척수 질환과 같은 난치병에 대한 임상 실험에서 고무적인 결과를 제시하고 있어 앞으로 성체줄기세포에 의한 난치병 치료의 전망은 더욱 밝다. 그러나 성체줄기세포는 이미 분화의 전문화가 진행된 경향이 높아서 치료 분야를 확대하는 데 제약이 있는 것도 사실이다.

현재까지 진행된 연구를 볼 때 가까운 시일 내에 실용화가 가능한 분야는 성체줄기세포가 활용될 것으로 보인다. 하지만 앞으로 진행되는 연구 결과에 따라서 상당한 기간이 경과된 후에는 배아줄기세포 또

는 유도된 다기능줄기세포가 질병 치료에 이용될 것으로 기대된다. 이

 배아복제

수정된 지 얼마 지나지 않은 인간 배아를 복제하여 질병 치료 용도로 사용하는 것. 생물체에서 체세포를 채취해 배양 처리한 후 이 세포를 핵이 제거된 난자에 주입해 세포를 융합시키는 과정을 체세포의 핵이식 과정이라고 한다. 이처럼 체세포핵이 이식된 융합난자를 인큐베이터에서 배양하면 정상적으로 정자와 난자가 결합된 것처럼 세포가 2, 4, 8, 16개로 분할되는 과정을 거친다. 수정한 지 14일이 안 된 배아는 척추, 내장 등 신체 기관이 발생하지 않은 채 무한 세포분열을 거듭한다. 14일이 지나면 척추로 자라는 원시선(Primitive Streak)이 생기는 등 태아의 단계로 나간다.

이에 따라 과학자들은 수정 14일까지의 배아를 아직 생명체가 아닌 것으로 간주하여 이것에 대한 의료적 사용이 윤리적으로 문제가 없다고 주장하는 편이다. 특히 특정 장기로 분화되기 전 배아기의 세포를 가리켜 '줄기세포'라 하는데, 이 세포는 심장이나 신장, 간, 혈액, 신경 등 인간의 온갖 장기와 신체 조직으로 발전할 가능성을 갖고 있어 '만능세포'로도 불린다. 배아세포를 복제한 뒤 인공적 통제를 통해 심장, 신장, 골수 등 필요한 줄기세포 부분을 집중 배양하여 이 부분만 적출, 장기이식 등 환자의 치료에 쓸 수 있다는 것이다.

인간 배아복제 문제를 얘기할 때 논란이 되는 것은 '생명의 시작은 어디인가'이다. 과학계는 수정란이 만들어진 후 14일까지의 배아는 원시선이 생기지 않기 때문에 인간체가 아닌 세포 덩어리이고, 따라서 체세포를 이용해 배아를 만들고 여기에서 간세포를 추출하는 연구를 자유롭게 할 수 있어야 한다고 주장한다. 반면 종교계는 수정란이 만들어지는 순간 생명체가 탄생한 것이므로 원시선이 있든 없든 인간체로 봐야 한다는 입장으로 배아에 손을 대는 것은 생명체의 존엄성을 파괴하는 행위라며 반발하고 있다.

러한 일이 긍정적으로 진행되기 위해서는 당연히 영화 〈아일랜드〉에 등장했던 것과 같이 일부 사람들의 욕심에 의해 생명 윤리가 파괴되는 일이 없어야 한다. 한 번 파괴되면 복구하기 어려운 것이 윤리이다. 생명 윤리를 지키기 위해서는 생명에 대한 존엄성을 잃지 않도록 끊임없는 노력을 지속적으로 기울이는 것밖에는 정답이 없다.

제한효소, 유전공학 기술의 탄생

📖 유전, 유전정보와 전달

DNA 조작을 통해 새로운 생체 물질을 생산하는 유전공학 분야는 불과 40~50년 전만 하더라도 인간이 침범할 수 없는 신의 영역이라 인식되었다. 하지만 최근 유전공학 기술의 급속한 발전에 의해 생명의 신비가 조금씩 밝혀지고 있다. 이렇듯 유전공학 기술이 급속히 발전하게 된 배경에는 여러 원인이 있겠지만, 그중 제한효소의 발견이 큰 영향을 미친 것도 틀림없는 사실이다. 제한효소는 어떻게 유전공학 발전에 공헌했을까.

효소는 생촉매(biocatalyst)이다

효소는 단백질을 주성분으로 하는 생체 촉매를 의미한다. 일반적으로 화학 반응에서 촉매란 '반응 과정에서 소모되지 않으면서 반응 속도를 변화시키는 물질'을 의미한다. 따라서 효소는 생체 내에서 화학 반응 속도를 변화시키는 물질, 즉 '생촉매'라 할 수 있다. 효소의 작용에 의해 우리가 살아갈 수 있다고 해도 과언이 아닐 만큼 효소는 생명체를 유지하는 모든 화학 반응에 참여하고 있다.

한 가지 예를 들어보자. 세포 내에서 포도당 한 분자가 산화되어 이산화탄소와 물로 분해될 때 에너지가 생성되고(호흡), 대부분의 생명체들은 이 에너지를 이용하여 생체 활동을 수행하게 된다. 즉, 오늘 아침에 먹은 음식 또는 어제 저녁에 먹은 음식의 일부가 다양한 효소에 의해 분해되어 에너지로 이용되고, 나머지는 필요할 때 꺼내 사용할 수 있도록 간에 저장되는 것이다. 그러나 포도당을 사람의 체온과 같이 37℃로 유지되는 항온기에 넣고 산소를 공급해준다고 해도 빠르게 이산화탄소와 물로 분해되지는 않는다. 아마도 이 반응이 종결되는 데는 최소한 몇 개월 또는 몇 년의 기간이 필요할지도 모른다. 이렇듯 효소는 영양소 분해, 생체 물질 합성, 체온 유지, 해독 등 생명체의 모든 생체 활동들을 특정 온도에서 빠르게 진행시키는 데 필요한 매우 중요한 물질이라 할 수 있다. 실제로 대부분 질병의 원인은 효소의 결핍 또는 불균형에서 기인한다는 연구 보고도 있다.

제한효소의 발견

1940년대와 1950년대에 걸친 여러 연구 결과에 의해 DNA가 유전 정보 물질이라는 사실이 세상에 알려졌다. 이후 많은 과학자들의 관심은 과연 생명체의 DNA를 인위적으로 변형시킴으로써 인간에게 필요한 생체 물질들을 대량으로 얻을 수 있을까 하는 문제에 집중되었다. 즉 사람보다 훨씬 성장 속도가 빠르고 조작하기가 간편한 세균이나 다른 동물 세포로부터 인간 단백질을 얻는 데 관심을 가진 것이다. 그러나 이를 위해서는 무엇보다 사람의 유전자를 세균이나 다른 동물의 DNA 내 특정 위치에 끼워 넣는 작업이 선행되어야 하고, 또한 이렇게 끼워 넣은 유전자가 인간 DNA에 존재할 때처럼 작동할 수 있어야 한다. 이를 가능하게 해준 것이 제한효소(restriction enzyme)다.

제한효소는 바이러스의 침입을 막기 위해 세균(박테리아)이 생산하는 효소로서(실제로 모든 세균은 한 가지 이상의 제한효소를 생산한다), 바이러스 DNA의 특정 부위를 절단하여 조각을 냄으로써 바이러스의 침입으로부터 세균 스스로를 보호한다. 제한효소란 용어도 바로 이렇게 외부 침입을 제한한다는 의미에서 나온 말이다. 이러한 제한효소의 발견은 미국의 생물학자 해밀턴 스미스(Hamilton O. Smith) 등에 의해 1960년대에 처음 이루어졌다. 하지만 실제로 이를 이용하여 유전

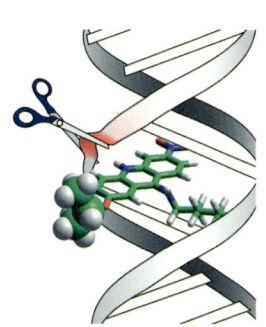

제한효소는 바이러스 DNA의 특정부위를 절단하여 바이러스의 침입으로부터 세균을 보호한다.

공학 발전에 크게 기여한 사람은 캘리포니아대학교의 허버트 보이어(Herbert W. Boyer) 교수와 스탠퍼드대학교의 스탠리 코헨(Stanley Cohen) 교수였다.

1973년 연구 발표에서 허버트 보이어와 스탠리 코헨은 공동으로 제한효소를 이용하여 두꺼비에서 유전자를 추출한 후 이를 동일한 제한효소로 자른 세균의 DNA에 성공적으로 삽입할 수 있으며, 이 유전자가

미국의 생물학자 해밀턴 스미스. 제한효소를 처음 발견하여 1978년 노벨생리의학상을 받았다.

제대로 작동한다는 사실을 입증하였다. 지금까지 수천, 수만 년의 진화를 통해 새로운 종이 탄생되고 소멸되었으나, 이 실험의 성공으로 실험실에서 단시간에 인위적으로 새로운 유전자를 가진 종의 탄생이 가능하게 된 것이다. 유전공학의 효시가 된 이 기술은 한 종의 유전자를 떼어내 다른 종에 삽입하는 과정이라는 의미에서 '유전자 재조합 기술'(Recombinant DNA Technology)이라 불린다.

제넨테크, 세계 최초의 생명공학 기업

미국 샌프란시스코에 위치한 제넨테크(Genentech)라는 회사는 허버트 보이어 교수와 벤처 투자가인 로버트 스완슨(Robert

《타임》의 표지를 장식한 허버트 보이어. '실험실에서 생명을 창조하다'.

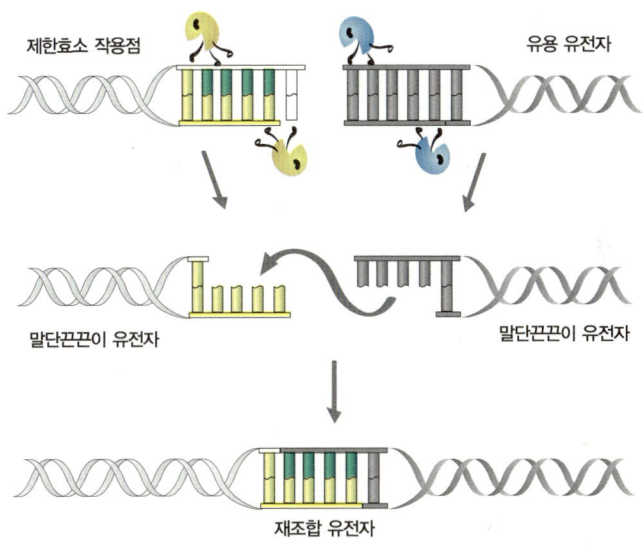

제한효소의 작용

Swanson)이 공동으로 창업한 최초의 생명공학 기업이다. 실제로 유전자 재조합 기술을 발표할 당시 보이어 교수를 비롯한 많은 과학자들은 이 기술로 인해 인간의 존엄성을 해칠 수 있다는 점에 많은 우려를 제시했다. 하지만 이 기술이 상업적으로 이용되어 얼마나 많은 돈벌이가 될 수 있을지에 대해서는 크게 인식하지 못하고 있었다. 이 점을 일찌감치 깨우친 사람이 당시 스물아홉 살의 젊은 벤처 투자가인 로버트 스완슨이었고, 보이어 교수와의 연락을 통해 첫 만남이 이루어졌다.

보이어 교수의 연구실에서 10분으로 예정됐던 두 사람의 첫 만남은 연구실 밖 샌프란시스코 그리어리 거리에 있는 '처칠스(Churchill's)'

라는 맥줏집으로 이어졌다. 두 사람은 그 후 3시간 동안 유전자 재조합 기술이 어떻게 사업으로 발전할 수 있는지 열띤 토론을 벌였다. 유전자 재조합 기술을 이용해 박테리아에 인간의 유전자를 심는다면, 그 박테리아는 인간이 필요로 하는 단백질, 효소, 호르몬 등을 생산할 것이고, 이 방법을 응용하면 특정 단백질이 부족한 병에 걸린 사람에게 많은 양의 치료제를 값싸게 제공할 수 있으리라는 게 두 사람의 결론이었다. 보이어 교수와 스완슨은 각각 500달러를 내서 회사를 설립했고, 보이어의 제안에 따라 '제넨테크'라고 이름 붙였다. 제넨테크는 유전자공학 기술(genetic engineering technology)의 줄임말이었다. 두 사람의 첫 만남을 기념하기 위해 제넨테크 본사 광장에는 스완슨과 보이어 교수가 맥주 집에 앉아 있는 모습이 동상으로 제작돼 있다.

제넨테크는 1978년 인슐린, 1979년 인간 성장 호르몬 등 최초의 바이오 의약품을 만들어내는 데 성공하면서 생명공학 기업의 선두주자로 나섰다. 1980년 10월 제넨테크는 생명공학 기업 중 최초로 증시에 상장됐는데, 주식 공모 제안서 첫 장에는 '투자 리스크가 매우 높음'이라는 글귀가 인쇄돼 있었다. 하지만 투자자들의 반응은 놀라웠다. 주당 35달러로 거래가 시작됐으나, 주식 시장의 문을 연 지 20분이 채 못 돼 주가는 89달러까지 치솟았다. 제

로버트 스완슨(오른쪽)과 허버트 보이어 박사의 첫 만남을 기념하기 위해 제넨테크 본사에 세워진 동상.

넨테크의 성공 스토리는 유명 잡지인《타임》,《포브스》등의 커버스토리로 다뤄졌고 생명공학 기업에 투자가 몰리는 계기가 됐다. 지금도 많은 바이오벤처가 성공을 꿈꾸며 제넨테크의 뒤를 따르고 있다. 이후 제넨테크는 미국 내에서 가장 일하기 좋은 기업 1위, 미국 내 최고 혁신 기업 의료 부문 1위 등 화려한 성적표를 누리다가 2009년 3월 다국적 제약사인 '로슈(Roche)'에 인수되었다.

JUMP IN LIFE 05 항체, 진단과 치료의 팔방미인

📖 호흡과 순환, 세포의 특성

세포 융합이란 2개 이상의 세포가 합체하여 1개의 세포가 되는 현상으로, 자연적으로 세포 융합이 일어나는 예로는 생식세포인 정자와 난자의 수정, 여러 개의 근육세포가 뭉쳐져서 하나의 다핵근육세포로 만들어지는 경우 등이 있다. 이와 같은 세포 융합을 위해 바이러스를 세포에 감염시키거나 폴리에틸렌글리콜 등의 약제를 이용할 수 있는데, 세포 융합 기술은 현재 세포생물학의 중요한 연구 수단일 뿐만 아니라 산업적으로도 중요한 생산물을 얻는 데 쓰이고 있다. 특히 융합된 세포인 하이브리도마(hybridoma, 림프 잡종 세포) 세포를 이용하거나 항체 유전자를 동물 세포에 넣어서 생산하고 있는 단일클론항체(monoclonal antibody)는 학술적·산업적으로 매우 중요한 의미를 갖고 있다.

항체의 개발 — 단일클론항체 제조

게오르게스 쾰러(Georges Köhler)와 체자르 밀스테인(Cesar Milstein)은 1975년에 세포 융합을 통해 하이브리도마를 제조하는 방법을 개발하여 단일클론항체를 만드는 데 성공했다. 이후 이 방법으로 수많은 단일클론항체들이 개발되어 현재까지 유용하게 사용되고 있다. 하이브리도마란 항체를 생산하는 B 림프구와 골수종양세포인 골수종세포(myeloma cell)를 융합하여 얻은 세포를 말하는데, 항체를

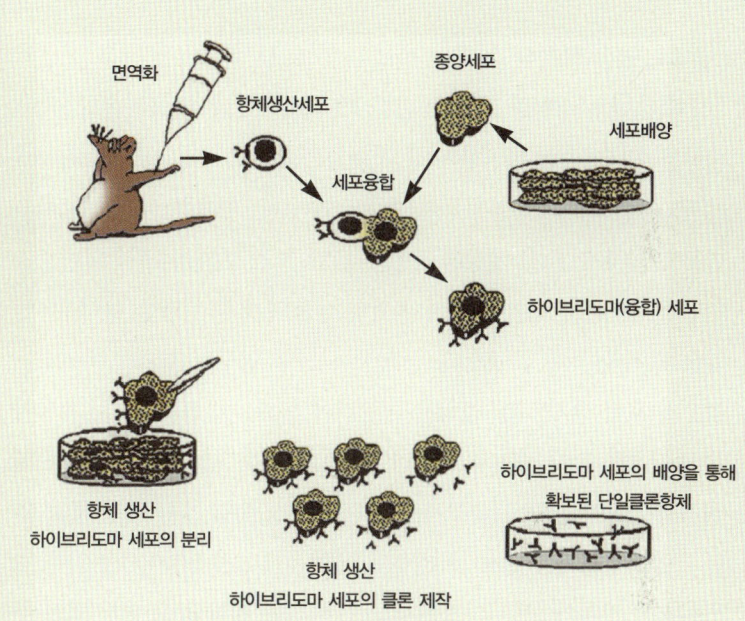

하이브리도마를 만들어 단일클론항체를 생산하는 과정

생산할 수 있는 B 림프구의 특성을 유지하고 있다. 뿐만 아니라 골수종 세포가 가지고 있는 오랜 기간 동안 죽지 않고 증식할 수 있는 능력을 함께 가지고 있어 하나의 하이브리도마 세포를 분리해내어 배양하면 결과적으로 한 가지 종류의 항체인 단일클론항체를 지속적으로 얻을 수 있다. 단일클론항체란 이같이 하나의 B 림프구 클론에서 얻어지는 한 가지 항원 특이성을 가진 항체를 말한다. 쾰러와 밀스테인은 이러한 하이브리도마 제조 기술을 개발한 공로로 1984년에 노벨의학상을 수상하였다.

항체의 넓은 응용성

항체는 매우 광범한 응용 범위를 가지고 있는 유용 물질이다. 많은 다양한 연구자들이 항체를 이용해 수많은 실험을 하고 있으며 치료제로서도 개발되어 그 활용성이 확대되고 있다. 항체를 이용하는 기초 연구 분야에서는 ① 특정한 항원의 감염 또는 존재 여부를 알아보는 진단의 목적, ② 특정 유전자의 발현 산물의 정량과 정성, ③ 형광 물질을 부착하여 특정 세포 등을 염색하는 등 연구의 결과를 확인하는 보조적 수단, ④ 정제한 항체를 이용하여 원하는 항원을 분리·획득하는 수단으로도 사용한다. 아울러, 면역 관련 반응을 증가시키거나 억제시키는 모든 방면으로도 사용이 가능하다. 특히 요즘 각광 받고 있는 유전자변형식물(GMO)의 분석을 위한 키트, 사스(SARS)와 같은 바이러스성 질환의 진단, 가정에서도 쉽게 자가 진단할 수 있는 임신 진단 키트 등 기본적인 항원 항체 반응을 이용한 제품의 개발은 매우 폭넓게 진행되고 있다. 이외에도 기능성 식품의 개발에도 항체가 활용되는데, 항체가 포함된 달걀과 음료, 사료 첨가제 등 항원에 대한 저항성을 강화시키는 면역 증강 효과 제품들이 개발되어 출시되고 있다.

항체 치료제 — 바이오 분야의 새로운 견인차

치료제로서 항체는 더욱 의미가 크다. 오늘날 단일클론항체는 의약품 산업에서 가장 빠른 성장을 보이고 있는데, 치료용 항체는 항체 시장의 95%를 차지하고, 전체 생물 의약품 시장에서 40%에 가까운 비중을 차지한다. 1994년 첫 항체 치료제가 출시된 이래로 현재 20여 종이 넘는 치료용 항체가 미국 식품의약국(FDA)의 승인을 받아 임상적으로 사용되고 있고, 150여 종 이상의 항체가 임상 실험 중이다. 전문 리서치 기관인 비전게인(Visiongain) 사의 2009년 보고에 따르면, 2008년도 단일클론항체의 전 세계 시장 규모는 약 334.1억 달러(약 40조 원) 수준이었고, 2024년에는 그 규모가 850억 달러에 육박할 것으로 추정된다. 2008년도 국내 모든 의약품의 전체 시장 규모가 17조 원이라고 하니, 단일클론항체의 중요성과 경제적 가치를 능히 짐작할 수 있다.

일반적으로 현재까지 가장 많이 사용하고 있는 암 치료법은 항암제 투여와 방사선 조사 등이다. 하지만 이 방법은 투여한 약물 및 방사선이 정상 세포에도 같은 영향을 주어 부작용을 피하기 어렵다. 반면에 항체를 이용한 요법은 항체가 인지하는 항원에만 반응하여 항원이 표지된 암세포 등 타깃으로 하는 세포에만 선택적으로 결합되기 때문에 이른바 '미사일 요법'(단일클론항체에 암세포만을 죽이는 독소를 가지게 하면 그 독소라는 미사일을 암세포라는 표적에 유도시킬 수 있다고 해서 미사일 요법이라 부른다)과 같은 신기술 의약품이 개발될 수 있다. 이 경우 치료 과정에서 환자의 고통을 최소화할 수 있는 반면에 약효는 매우 높게 나타난다. 특정한 종류의 암세포(유방암, 혈액암, 간암 등)에는 정상 세포에 없는 단백질(항원 표지부)이 특별히 존재하기 때문에, 그 단백질에 반응하는 단일클론항체는 항암 치료제로 개발될 가능성이 매우 높다. 마찬가지로 간염이나 에이즈 바이러스에 반응하는 항체도 간염이나 에이즈 치료제로 개발될 수 있다.

선진국들은 서구에 많은 유방암, 난소암, 대장암, 전립선암 등의 치료제 개발에 이러한 항체 기술을 적용하고 있다. 혈액암 중 하나인 비호지킨성 림프종(아프리카 어린이들에게 흔히 발견되는 림프계 암)의 치료제인 '맙테라'는 이미 시판되고 있고, 면역의 과민 반응으로 알려져 있는 만성 질환인 관절염은 면역 세포 중 하나인 T-세포가 특정 단백질에 의해 활성이 지나치게 나타나게 되는데, 이 경우 해당 단백질에 대한 항체를 이용해 무력화시키거나 활성을 줄일 수 있어서 치료제로서 개발 가능성이 매우 높다. 이와 같이 암 치료제를 비롯해 관절염, 천식 등의 자가 면역성 질환, 바이러스성 질병의 치료용 의약품 등으로 개발되고 있는 단일클론항체는 새로운 바이오 시대를 이끌어 갈 견인차라고 할 수 있다.

항체(antibody)

면역글로불린(immunoglobulin)이라고도 한다. 생체의 면역계에서 혈액이나 림프 안에서 순환하면서 이물질인 항원 침입에 반응하는 방어 물질로서, B림프구 또는 B세포에 의해 림프 조직에서 형성되는 글로불린계 단백질이다. B림프구(B세포)는 백혈구로 그들 표면에 있는 수용체를 통해 항원을 인지할 수 있다. 이들 수용체는 항원의 표면에 존재하면서 B세포의 수용체와 상보적 구조를 지닌 분자인 항원 결정소와 결합한다. B세포가 항원에 결합하면 B세포들은 1초당 수천 개의 항체를 만들 수 있는 클론으로 증식된다. 이렇게 생성된 항체들은 침입한 항원을 공격하여 이들의 작용을 중화시킨다. 항체의 생산은 예를 들면 감기 바이러스 같은 항원이 제거될 때까지 며칠 동안 계속되며 그 후에도 항체 분자들은 몇 개월 동안 계속 순환하여 특정 항원에 대한 면역성이 지속되도록 한다.

림프구(lymphocyte)란 면역 체계에 매우 중요한 백혈구의 한 유형을 말한다. 사람에게서는 림프구가 전체 백혈구 수의 20~25%를 차지한다. 림프구에는 B림프구와 T림프구, 또는 B세포와 T세포라는 2가지 기본 유형이 있는데, 둘 다 골수의 간세포에서 발생하여 혈액을 통해 림프구 조직, 즉 비장·편도·림프절 등으로 운반된다. 림프구는 미생물이나 항원 등과 같은 다른 외부 침입체와 결합하여 이들을 몸 밖으로 제거하는 일을 돕는다. 각 림프구는 특정한 항원과 결합하는 수용체를 가지고 있다.

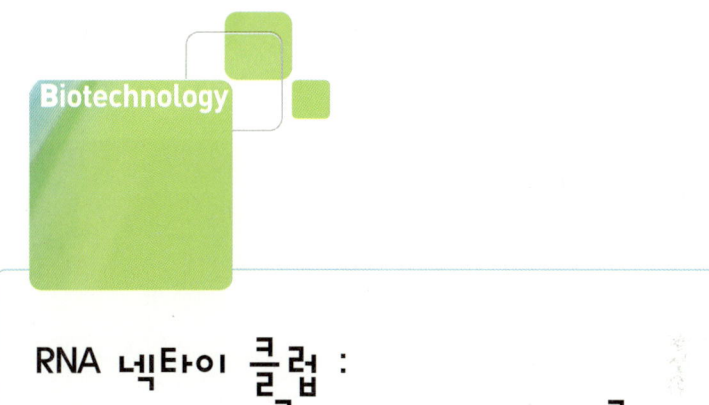

RNA 넥타이 클럽 :
DNA에서 RNA로, RNA에서 단백질로

📖 유전, DNA의 구조

생명체의 모든 정보는 DNA 속에 들어 있는데, 실제로 세포 내에서 활성을 나타내고 행동 대원 역할을 하는 것은 DNA가 아닌 단백질이다. 그러면 DNA의 정보는 행동 대원인 단백질에게 어떻게 전달될까? 여기에 대한 해답을 제공한 것이 프랜시스 크릭(Francis H. C. Crick, 1916~2004)이 제시한 '센트럴 도그마(central dogma)'이다. 즉 DNA의 정보는 RNA에 전달되고, 이것은 다시 단백질 생산의 정보가 된다는 것이다. 이렇게 정보의 근원인 DNA와 행동 대원인 단백질 사이에서 RNA가 어떤 역할을 하는지 밝히기 위해 몇몇 과학자들이 연구회

RNA 타이 클럽 멤버들과 조지 가모브. 넥타이의 독특한 문양이 재미있다.

를 조직하였는데, 재미있는 구석이 많다.

RNA 타이 클럽

이 모임은 러시아 출신의 물리학자 조지 가모브(George Gamow, 1904~1968)와 DNA 구조를 밝힌 제임스 왓슨(James D. Watson, 1928~)에 의해 주도되었다. 단백질을 구성하는 것으로 알려진 20종류의 아미노산을 한 사람당 하나씩 맡는다는 의미에서 20명의 회원으로 구성되었고, 회원들은 각각 아미노산의 이름으로 닉네임을 지었다. 가모브는 아미노산 중 알파벳순으로 가장 먼저인 알라닌을 선택하여 '알라(Ala)'라는 닉네임을 만들었고, 왓슨은 프롤린을 선택하여 '프로(Pro)'라고 닉네임을 지었다. 당시 가모브가 왓슨에게 보낸 편지를 보면, '프로에게(Dear Pro)'로 시작하여 친애하는 '알라로부터(Sincerely yours, Ala)' 하고 끝나는 것을 볼 수 있다.

멤버 중에는 제임스 왓슨과 함께 DNA 구조를 밝힌 프랜시스 크릭도 물론 들어 있었고, 우리에게 잘 알려진 물리학자 리처드 파인만도 초청되었다. 회원들은 RNA 구조를 형상화하여 디자인한 넥타이를 제작하여 목에 매고 클럽 모임에 참석하였는데, 각자의 아미노산 닉네임이 새겨진 넥타이핀도 제작하여 착용하였다. 그래서 모임의 이름도 넥타이를 의미하는 '타이 클럽'이라 지었다. 바로 이들의 노력으로 우리는 이제 mRNA의 역할을 잘 이해하게 되었다.

알파 베타 감마 논문

이 클럽을 주도했던 조지 가모브는 러시아 출신의 물리학자로서 재미있는 일화를 가지고 있다. 그가 발표한 논문 중에 우주 화학 원소와 관련된 논문이 있는데, 그 논문은 대학원생인 앨퍼(Alpher)와 가모브 자신의 연구 결과였다. 즉 그 논문의 저자는 앨퍼와 가모브가 되어야 마땅했다. 그런데 엉뚱하게도, 가모브는 저자 이름을 발음상으로 따지면 알파(α)와 감마(γ)는 있는데 가운데 베타(β)가 빠져서 영 개운하지 않았다. 곰곰이 생각하던 그는 자기 친구인 베테(Bethe)를 생각해냈다. 그러고는 그 연구와는 아무 관련이 없는 친구 베테(Bethe)를 앨퍼와 가모브 사이에 저자로 추가해 넣고는 혼자서 흐뭇해했다. 그 후 이 논문은 저자들의 이름으로 인해 그 분야에서 알파·베타·감마($\alpha\beta\gamma$) 논문으로 불리고 있다. 과학자들은 엉뚱한 면이 있어서, 아무도 알아 주지 않아도 자기만족에 겨워 혼자서 씩 웃는 재미에 사는 면이 다분히 있다. 공교롭게도 이 논문이 발간된 날은 1948년 4월 1일 만우절이었다.

센트럴 도그마

여러 과학자들의 연구 결과를 통해 이제 우리는 DNA에서 RNA를 거쳐 단백질로 되는 과정인 '센트럴 도그마'에 대해 잘 알고 있다. 생명체의 모든 정보를 가지고 있는 DNA는 핵 속에 자리한 채 핵 밖으로 나오지 않는다. 마치 왕이 전쟁을 지휘는 하되 직접 전쟁터에 나가지

센트럴 도그마(Central Dogma)

1958년 프랜시스 크릭이 제안한 개념으로, 1970년 《네이처》에 개정되어 발표되었다. 이 중심 원리는 '단백질로 만들어진 정보는 다른 단백질이나 핵산으로 전달될 수 없다'는 의미를 담고 있고, 생명체의 유전 정보가 어떻게 전달되는지를 나타낸다. DNA, RNA, 단백질의 세 유전 물질 사이에서 가능한 전이 과정은 전체 9가지가 있고, 중심 원리에서는 이것을 일반적인 전이 과정(general transfer), 특수한 전이 과정(special transfer), 알려지지 않은 전이 과정(unknown transfer) 세 가지로 나눈다. 일반적 전이 과정은 대부분의 세포에서 일어나는 것으로 알려져 있는데, 이 과정에는 기존 DNA에서 새로운 DNA를 생성하는 복제, DNA에서 RNA를 생성하는 전사, 그리고 RNA에서 단백질을 생성하는 번역 세 가지가 있다. 특수한 전이 과정은 과정 자체는 발견되었지만 일반적인 현상은 아닌 것으로, RNA에서 DNA, RNA에서 RNA, DNA에서 단백질을 생성하는 과정이다. 그리고 알려지지 않은 전이 과정에는 단백질에서 DNA, RNA, 단백질을 생성하는 과정이 있는데, 이 전이 과정은 일어나지 않을 것으로 추정된다.

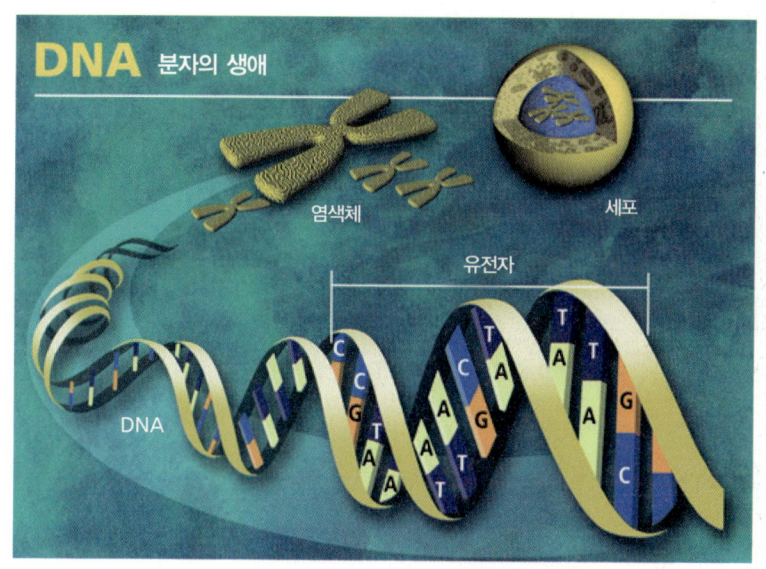

않고 작전 본부에 앉아서 지시를 내리는 것처럼 말이다.

　DNA가 가지고 있는 정보는 전령인 mRNA(전령 RNA)에 의해 핵에서 나와 세포질로 전달된다. 왕의 지령이 전령에 의하여 전쟁터로 전달되는 것과 유사하다. 이렇게 세포질로 전달된 RNA 정보에 의거해 아미노산의 서열이 결정된다. 즉, DNA가 가지고 있는 염기서열의 정보가 RNA를 거쳐 단백질이 가지고 있는 아미노산 서열의 정보로 전환되는 것이다.

DNA와 RNA는 4진법, 단백질은 20진법

여기서 생기는 의문은 4진법(ATGC 4종류의 염기)을 사용하는 DNA와 mRNA의 염기서열이 어떻게 20진법(20종류의 아미노산)을 사용하는 단백질의 아미노산 서열로 전환될 수 있느냐 하는 것이다. DNA의 염기 하나가 각각 한 종류의 아미노산에 대응하는 부호라면, 네 종류의 아미노산만을 나타낼 수밖에 없다. 또한 DNA 염기 두 개가 한 세트가 되어 한 종류의 아미노산을 나타내는 부호라면, 16가지($4 \times 4 = 16$) 종류의 아미노산을 나타내게 된다. 아미노산의 종류는 20가지이므로 이 경우에도 충족이 되지 않는다. 만약 DNA 염기를 세 개씩 묶어서 한 종류의 아미노산을 나타내도록 부호화한다면, 64가지($4 \times 4 \times 4 = 64$) 종류의 아미노산이 생기므로 필요로 하는 20종류보다도 훨씬 많게 된다. 이와 같은 계산에 따르면, 그 어느 것도 DNA 정보에서 단백질 정보로 전환되는 것을 명쾌하게 설명해주지 못한다.

그러나 DNA 염기 3개가 한 세트(3중 부호, triplet)로 작용하는 경우에는 64가지 경우의 수가 생기지만, 이들 중 몇 개씩이 공통적으로 한 종류의 아미노산을 표시한다면 20종류의 아미노산을 나타내는 것이 가능해진다.

3중 부호의 확인

과학자들은 이와 같은 발상을 확인하는 실험을 통해, 각 아미노산

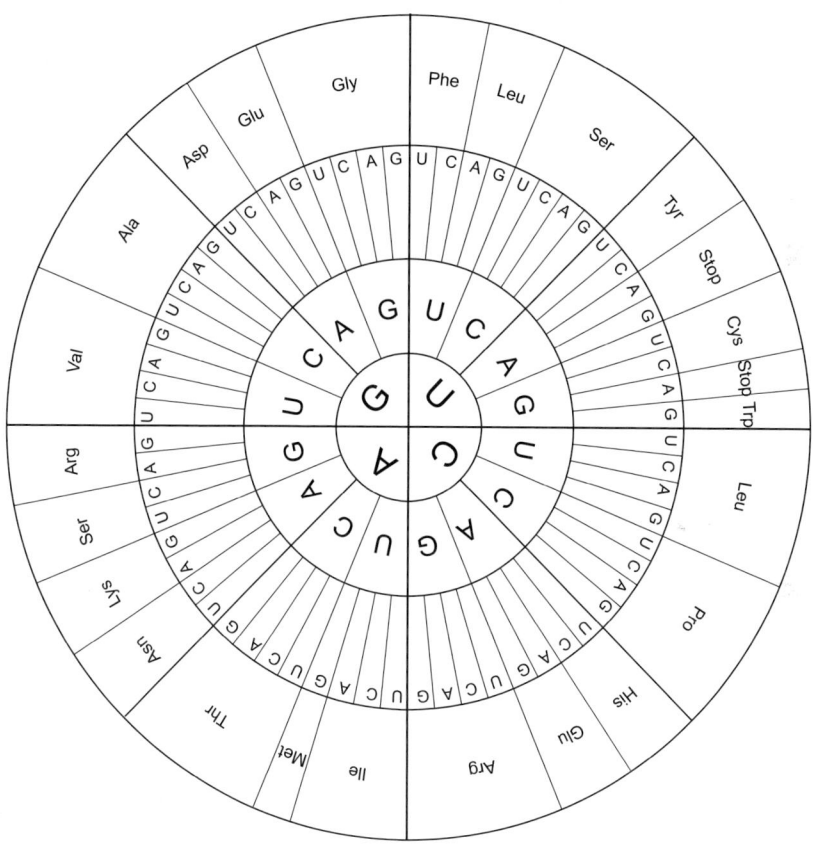

mRNA 염기 3개가 1개의 아미노산을 결정
동심원의 안쪽에서 바깥 방향으로 염기를 읽어 나갈 때, 3개의 염기 한 세트에 대응하는 아미노산을 보여준다. 종료(stop) 코돈의 경우에는 이에 대응하는 아미노산이 존재하지 않으며, 이를 만나면 단백질 생성이 종료된다. 예를 들어, 중심에서 12시 방향으로 읽어 나가면 UUU이고, 이는 20개의 아미노산 중에 Phe(페닐알라닌)에 대응한다. 아미노산 : Ala(알라닌), Arg(아지닌), Asn(아스파라진), Asp(아스파트산), Cys(시스테인), Gln(글루타민), Glu(글루탐산), Gly(글라이신), His(히스티딘), Ile(아이소 루신), Leu(루신), Lys(라이신), Met(메티오닌), Phe(페닐알라닌), Pro(프롤린), Ser(세린), Thr(스레오닌), Trp(트립토판), Tyr(타이로신), Val(발린), Stop : 종료 코돈

유전과 생명의 연속성

은 DNA 3중 부호에 의해 결정된다는 것을 확인하였다. 즉, DNA 염기서열 중간에 한 개나 두 개의 염기가 제거되면, 세 개씩 한 세트를 이루는 각 세트가 흐트러져 전혀 다른 아미노산 정보로 전환된다. 그러나 세 개의 염기서열이 통째로 한 세트가 제거되면 그 뒤에 나오는 아미노산 서열에는 영향을 미치지 않는다는 것을 실험적으로 확인하였다. 예를 들어, 각각 세 문자의 단어로 이루어진 다음과 같은 문장을 생각해보자.

> SHE HAS HER OWN CAR.

이 문장에서 한 문자가 제거되면(예를 들어 맨 앞의 S), 그다음에 오는 모든 단어들이 깨져 알 수 없는 단어가 된다(HEH ASH ERO WNC AR). 두 문자가 제거되는 경우(예를 들어 SH)에도 마찬가지이다(EHA SHE ROW NCA R). 그러나 세 문자가 제거되면(예를 들어 SHE) 첫 단어는 없어지지만 나머지 단어들은 영향을 받지 않게 된다(HAS HER OWN CAR).

이와 같이 염기 3개가 한 세트로 작용하고, 이 한 세트(3중 부호)는 한 개의 아미노산을 표시해준다. 즉 각 세트(3중 부호)의 서열에 따라 아미노산의 서열이 결정되고, 이 서열에 따라 아미노산이 연결됨으로써 단백질이 만들어지는 것이다.

DNA 지문, 범죄 수사의 과학

유전, 생명의 연속성

어릴 적 추리소설을 좋아하지 않았던 사람은 그리 많지 않을 것이다. 범죄가 어떻게 일어나고 범인이 누구인지 추리하는 과정은 책 읽는 재미를 쏠쏠하게 할 만큼 흥미를 유발한다. 또 굳이 추리소설을 좋아하지 않는 사람들도 TV에서 방영하는 드라마나 영화의 범죄 수사극을 많이 보았을 것이다. 이때 범인을 추적하는 과정에 지문(fingerprint)을 이용하는 경우가 일반적인데, 요즘은 아마도 우리가 손가락에 가지고 있는 지문이 개인별 특이성을 가지고 있다는 것을 모르는 사람이 없을 것이다. 그런데 우리 세포의 염색체 안에도 손가락의 지문과 같은 개인별 특이성을 지니는 유전 정보가 있다. 우리는 이것을 'DNA 지문'이라고 부른다.

수사반장과 CSI

내가 어린 시절 가장 즐겨보던 드라마 중에 〈수사반장〉이라는 것이 있었다. 매주 새로운 범죄 사건이 일어나고 강력반 형사팀이 이를 수사해내는 형식의 드라마였다. 당시로는 아주 새로운 조사 방법을 이용했던 것으로 기억하지만, 지금 생각해보니 고작 지문 분석이나 목격자 확보가 기본이었던 것 같다. 지문은 모든 사람들을 구별해낼 수 있는 각 개인만이 가지고 있는 유일한 형태를 지니고 있다. 따라서 범죄 현장에 찍힌 지문을 탐색하고 이 지문들을 이용해 여러 용의자들의 지문과 일치 여부를 확인해 범인을 찾아낼 수 있는 것이다. 단, 지문은 지울 수도 있고 장갑과 같은 것을 손에 꼈을 때는 지문이 남지 않는다는 단점이 있다.

하지만 생명공학의 발전과 함께 새로운 범죄 수사 기법들의 개발도 함께 이루어졌다. 이러한 최첨단의 범죄 수사 기법들을 우리에게 널리 소

우리나라 드라마 〈수사반장〉과 미국 드라마 〈CSI〉

개시켜준 것은 다름 아닌 범죄 수사극들이다. 이중에 최근까지도 시청자들의 인기를 얻고 있는 미국 드라마 〈CSI(Crime Scene Investigation)〉가 있다. 〈CSI〉를 보다 보면, 요즘 범죄자들도 매우 첨단 범죄를 일으키고 수사팀도 최첨단의 조사 분석 방법들을 사용하는 것에 감탄을 금할 수 없다. 그중 가장 널리 사용되는 첨단 분석 방법이 유전자 차원의 'DNA 지문' 방법이다.

DNA 지문

손가락 지문과 마찬가지로 각 개인은 독특한 DNA 지문을 가지고 있다. DNA 지문은 DNA 염기서열의 개인별 특이성을 이용하는 것이다. 즉, 각 개인은 개인별 특이적인 서열을 가지고 있어서 유전체 DNA를 제한효소로 자르고 전기영동(electrophoresis)을 한 후 살펴보면 잘라진 DNA 절편 크기의 다른 형태들이 관찰된다. 이러한 DNA 절편들의 형태는 물건에 붙이는 바코드 같은 기능을 한다고 보면 된다.

> **전기영동**
> 전기장의 영향을 받아 하전된 물질들이 유동성 매체 내에서 이동하는 전기 운동적 현상으로 물질의 분석이나 정량에 이용하는 방법. 용액 속에서 전극에 전압을 가할 경우 그 입자가 음성 전하를 띠고 있으면 양극으로, 양성 전하를 띠고 있으면 음극으로 이동한다. 전기영동은 이동도의 차이에 의해서 DNA나 단백질과 같은 전하를 띠는 생체 분자들의 분리, 정제, 확인, 순도의 검정 등에 활용될 수 있다.

그런데 개인별로 30억 개에 이르는 염기서열을 일일이 비교해 해석하는 것은 매우 힘든 일이다. 그래서 대신 개인별로 많이 다른 특정 부분만을 검사한다. 특히 DNA가 반복되는 서열을 이용하는데, 서열 자체는 같지만 개인별로 반복 횟수가 다르므로 제한효소를 처리했을 때 나타나는 DNA 샘플의 절편 크기도 다르게 되는 것이다. DNA 반복 서열에서 가장 일반적으로 DNA 지문 분석에 이용되는 부분이 위성 DNA(아래 왼쪽 그림에서 밝게 나타나는 형광 부분)인데, 이는 짧은 DNA 서열이 매우 많이 반복되어 있고 이러한 반복 형태가 개인마다 모두 다르다는 특징을 가진다. 손가락 지문은 지울 수도 있고 수술에 의해 변형될 수도 있으나, DNA 지문은 개인의 모든 세포에서 동일하고 어떤 처리를 하더라도 바꿀 수 없다.

그럼, 범죄 수사에서 DNA 지문을 어떻게 이용할까? 예를 들어 살인 사건이 일어난 현장에서 피해자의 옷에 묻은 혈액이나 주위의 머리카락, 침, 피부 조각 등의 샘플과 네 명의 용의자 혈액 샘플을 확보하였다고 치자. 이러한 샘플들에서 DNA를 추출하고 제한효소로 자른 후에 전기영동을 걸면(아래 중간 그림) DNA 절편들의 형태가 관찰된다(아래 오른쪽 그림). 사건 현장에서 발견된 샘플의 DNA 지문 형태와 4명의 용의자의 DNA 지문 형태를 비교하면 세 번째 용의자가 그 형태가

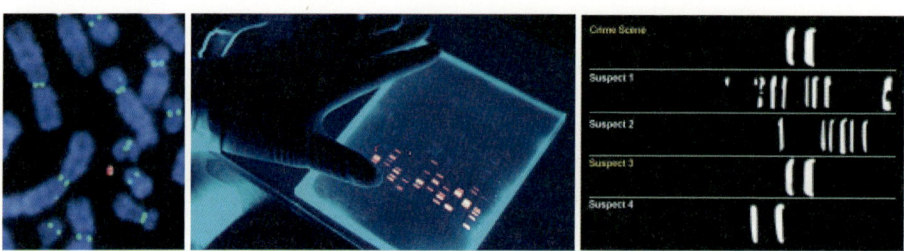

위성 DNA와 DNA 지문을 이용한 전기영동 분석

같음을 알 수 있다. 그러므로 우리는 용의자 3이 범인임을 알 수 있다.

　DNA 지문은 범죄 의학에 적용되어 범죄 사건에서 범인 확인에 이용될 뿐만 아니라 다른 부분에도 널리 활용되고 있다. 현재 잃어버린 자식을 판별하는 것과 같은 친자 확인에 이용되고 있으며, 전쟁이나 자연재해, 비행기 추락 등으로 생긴 희생자들이나 행방불명자의 신분을 확인하는 데도 사용되고 있다. DNA 지문 기술은 많은 유전병 진단에도 이용되는데, 매우 적은 양의 DNA 샘플만 있어도 분석이 가능하기 때문에 유용한 측면이 많다. 미국의 제16대 대통령 에이브러햄 링컨(Abraham Lincoln)의 경우 피 묻은 옷을 분석한 결과 그가 마르팡증후군(Marfan's Syndrome)이라는 유전병을 갖고 있었다는 사실이 새로 밝혀지기도 했다. 또한 DNA 지문 기술은 유전병 유전자의 염색체 지도를 작성함으로써 유전자 치료법을 개발하는 데에도 활용될 수 있다.

피 묻은 옷을 통해 마르팡증후군임이 밝혀진 링컨 대통령(가운데).

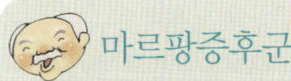 마르팡증후군

이상 발육을 유발하는 선천성 발육 이상 증후군으로 손가락이 유난히 길기 때문에 지주지증(거미손가락증)이라고도 한다. 마르팡증후군이라는 이름은 이 질환을 처음 발견한 프랑스 의사 마르팡(Bernard Marfan)의 이름에서 따온 것이다. 뼈·근육·심장과 심혈 관계의 이상 발육을 유발하며, 특히 이 질환에 걸린 사람은 비정상적으로 키가 크거나 몸이 유연하며, 팔 길이가 무릎까지 내려갈 정도로 길다. 심한 경우 대동맥이나 대동맥류로 혈관벽이 늘어나 외부의 충격으로 대동맥이 파열되어 사망하기도 한다. 가장 큰 증상은 눈의 수정체 모양이 변형돼 물체가 찌그러져 보이거나 척추가 휘는 것이다. 특히 보통염색체의 우성 유전으로 인해 질환에 걸릴 확률이 70~80%나 된다.

JUMP IN LIFE 06 유전자 결함의 빛과 그림자

📖 유전, 생명의 연속성

유전자의 결함으로 발생하는 수많은 유전병으로 인해 지구 상의 많은 어린이들이 세상에 태어나면서부터 고통을 받고 있다. 갓 태어난 아이들 중 약 2퍼센트는 어떤 종류든 유전적 이상을 가지고 있다고 한다. 소아병원에 다니는 아이들의 10분의 1이 유전자와 직접적으로 관련된 질병을 가지고 있으며, 간접적으로 관련된 질병까지 포함하면 절반 정도일 것으로 추정된다. 하지만 태어나면서부터 목숨을 위협 받는 치명적인 유전병이 있는 반면에, 대수롭지 않은 유전병도 있고, 유전자 이상으로 오히려 덕을 보는 경우도 있다.

버블보이의 탄생

데이비드 베터(David Vetter)는 '중증 합병성 면역결핍증(severe combined immunodeficiency)'이라는 복잡한 이름의 유전병을 가지고 세상에 태어났다. 이 병은 체내 면역 반응에 필요한 세포들을 만들지 못하는 병이어서, 이 병을 가진 환자는 어떤 병원균이라도 몸속에 침입하면 이를 방어해낼 능력이 전혀 없다. 그래서 데이비드는 태어나면서부터 무균 상태가 유지되는 투명한 플라스틱 공간(버블 공간)에서 키워졌다. 이후로 이 병은 일명 '버블보이 병'으로 불리게 되었다. 담당 의사는 데이비드가 태어나기 전에 이미 이런 병에 걸릴 가능성이 높다는 진단을 내렸으나, 의학의 발전 속도를 고려할 때 치료법이 개발되는 데 그리 오래 걸리지 않을 것이라 생각하고 데이비드의 부모와 상의하여 출산을 결정했다. 데이비드는 1971년 9월에 제왕절개를 통해 태어났고, 곧바로 무균 공간으로 옮겨졌다.

그러나 치료법이 곧 개발될 것이라는 기대는 쉽게 이루어지지 않았다. 데이비드는 성장함에 따라 점점 더 큰 버블 속으로 옮겨졌다. 시간이 흐르자 이 사실이 일반인들에게도 결국 알려졌고, 전국적인 관심거리가 되기에 이르렀다. 미국항공우주국(NASA)은 데이비드가 무균 공간에서 나와 바깥세상을 구경할 수 있도록, 옷 내부에 무균 상태가 유지될 수 있는 우주복을 제공해주기도 했다.

버블보이 치료를 위한 수술

열두 번째 생일을 맞고 한 달 뒤에 데이비드는 드디어 자신의 고질병을 치료하기 위한 수술을 받았다. 조직 이식 치료법이 발전하여 치료가 가능해졌다는 판단 하에 데이비드는 누나의 골수를 이식 받았다. 그러나 예상하지 못했던 불행한 일이 일어났다. 누나의 골수가 바이러스에 감염되어 있었던 것이다. 그 바이러스는 무방비 상태의 면역력

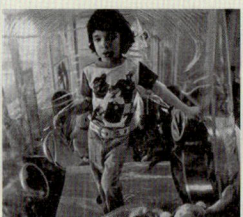

영화 〈버블보이〉의 모델이 된 데이비드 베터. 태어나면서부터 무균 상태의 플라스틱 공간에서 생활했다.

하에 있는 데이비드의 몸속에서 쉽게 종양을 일으켰다. 데이비드는 무균 공간에서 나와서 집중적인 치료를 받았지만 오래가지 않아서 모든 사람들이 안타까워하는 가운데 세상을 떠났다. 하지만 그동안 무균실 벽에 늘어뜨려진 고무장갑을 통해서만 다른 사람과 접촉했던 데이비드는 세상을 떠나기 전 짧게나마 그때까지 느껴보지 못했던 따뜻한 인간의 손길을 직접 느낄 수 있었다. 데이비드 베터의 안타까운 삶은 세상에 널리 알려져 〈버블보이〉라는 영화도 제작되었다.

다이어트 음료를 주의해야 하는 유전병

버블보이 병은 매우 치명적인 유전병이지만, 모든 유전병이 치료가 불가능한 것은 아니다. 먹는 음식만 조심하면 별 고통 없이 정상적인 생활을 할 수 있는 유전병도 있다. '페닐케톤뇨증(phenylketonuria)'이 그와 같은 유전병이다. 이 병에 걸리면 아미노산 중의 하나인 '페닐알라닌(phenylalanine)'이 체내에서 다른 물질로 전환되지 못하고 혈액에 쌓여 소변에서도 과량으로 검출된다. 이 물질이 혈액에 과량 축적되면 신경계 발달에 지장을 초래하여 뇌 발달이 저해되어 심각한 정신장애를 일으킨다.

하지만 이 유전병을 가지고 태어난 아이는 페닐알라닌 함량이 낮은 음식만 먹으면 아무 문제가 없다. 우리가 자주 마시는 음료 중에 페닐알라닌을 포함하고 있는 음료가 있는데, 바로 인공 감미료인 아스파탐이 들어 있는 다이어트 음료이다. 아스파탐은 두 개의 아미노산이 붙어 있는 화합물인데, 두 개 중 하나가 페닐알라닌이다. 따라서 페닐케톤뇨증이 있는 사람은 아스파탐이 들어 있는 음료를 피해야 한다. 다

'페닐알라닌 함유' 또는 '페닐케톤뇨증 주의'라는 문구가 쓰인 다이어트 음료.

이어트 음료 용기에 깨알같이 작은 글자로 기록된 문구를 주의 깊게 들여다보면, '페닐알라닌 함유' 또는 '페닐케톤뇨증 주의'라는 문구가 있는 것을 발견할 수 있다.

유전병을 가진 올림픽 금메달리스트

버블보이와 같은 치명적인 유전병과 음식 조절만 하면 아무 문제가 안 되는 유전병이 있는 반면에, 유전병으로 인해 오히려 덕을 보는 경우도 있다. 유전자에 이상이 생겨서 비정상적으로 많은 양의 적혈구가 생성되는 경우이다. 이런 사람은 아프기는커녕 오히려 높은 육체적 활력을 갖게 된다. 몸에 산소를 공급하는 일을 맡고 있는 적혈구 수가 다른 사람보다 훨씬 많기 때문이다.

1964년 동계 올림픽의 크로스컨트리 부문에서 금메달 3관왕이 된 핀란드 스키 선수가 이와 같은 유전병을 가지고 있다는 것이 나중에 밝혀졌다. 이 선수의 경우에는 유전자 이상으로 인해 EPO(Erythropoietin, 신장에서 생성되는 당단백 호르몬)라는 물질이 체내에서 다른 사람보다 월등히 많이 생성되었다. EPO는 우리 몸속에서 생성되는 물질로서 산소를 온몸으로 실어 나르는 적혈구의 생성을 촉진하여 체내 산소 공급을 원활하게 하는 작용을 한다. 극도의 지구력을 요하는 마라톤, 스피드 스케이팅, 크로스컨트리 스키, 사이클 등의 경기에 참여하는 선수들에게는 경기 중의 극한 상황에서 원활한 산소 공급이 정말 중요하다. 따라서 이들 선수들은 체내에 EPO가 많이 생성되게 하기 위해, 산소가 희박한 고산 지대에서 연습하는 방법을 써왔다. 그러나 EPO가 유전자 재조합 기술에 의해 약으로 개발되어 대량 생산의 길이 열린 후에는 EPO 주사를 맞는 것이 고산 지대에서 힘들게 훈련하는 것보다 훨씬 손쉬운 방법임을 누구나 알게 되었다.

하지만 고산 지대에서 훈련하는 것은 합법적이지만 EPO 주사를 맞는 것은 불법적인 방법으로서 스포츠 약물 검사의 적용을 받게 된다. 왜냐하면 EPO 투여로 초래되는 과격한 운동과 EPO 물질 자체의 특성이 복합적으로 작용하여 결과적으로 혈액의 점도를 높이고, 이는 심장마비와 뇌졸중의 위험을 높이기 때문이다. 그러나 이와 같은 달콤한 유혹에서 벗어나지 못하고 약물 테스트에서 적발되는 경우가 종종 일어나기도 한다. 1998년 프랑스 세계 사이클 대회에서는 몇몇 팀들이 팀원 모두가 EPO 투여에 연루되어 실격당하기도 했다. 반면에 앞서 이야기한 핀란드 스키 선수의 경우는 약물 투여 없이도 선천적인 유전자 결함으로 인하여 덕을 본 예이다.

EPO는 유전자 재조합 기술에 의해 생산되고 있는 대표적인 단백질 신약으로, 동물 세포 배양에 의해 생산된다. EPO는 적혈구 생성 인자로서 신장 질환, 심장 질환, 항암 치료 등으로 인해 발생하는 빈혈 치료에 사용된다. 생명공학 벤처 기업인 미국의 암젠(Amgen) 사는 이 한 개의 품목으로 소규모 벤처 기업에서 단번에 세계적 거대 기업으로 성장하였다.

제 5 장

생물의 다양성과 환경

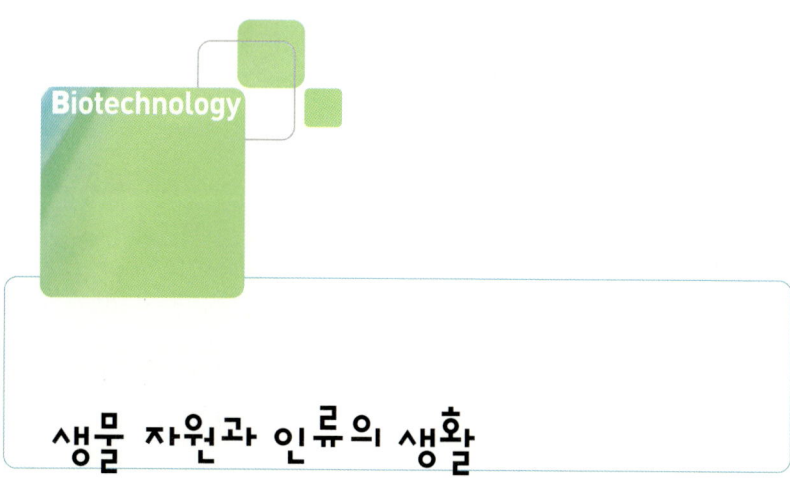

생물 자원과 인류의 생활

📖 생물 자원의 이용, 생물의 다양성, 생물학이 인간에게 미치는 영향

　자연을 생각하면 마음이 매우 편안해지고 아름다운 것들이 떠오른다. 혹자는 자연으로 돌아가자는 말도 한다. 물론 자연은 우리가 느끼는 그대로일 수도 있다. 그러나 자연은 우리가 생각하는 것만은 아니다. 다양한 환경의 자연에서 생명체는 가장 최적의 방법으로 진화해왔고, 이러한 생물 자원의 활용을 통해 인류도 함께 발전해왔다.

지구의 다양한 자연 환경

자연에는 매우 덥고 건조한 사막과 같은 곳도 있고, 매우 춥고 얼음으로 덮인 설원 지역도 있으며, 기압이 낮고 추운 고산 지역, 매우 습하고 더운 열대우림 지역, 매우 뜨거운 온천이나 화산 지역 그리고 온도가 낮고 염도가 높은 바다도 있고, 매우 기압이 높고 빛도 없는 심해도 있다. 이렇게 매우 거칠고 극한적인 환경도 자연의 또 다른 모습이라고 생각한다면, 지구의 자연환경이 실로 얼마나 풍부하고 다양한지 이해할 수 있을 것이다.

환경과 생물다양성

이렇게 다양한 환경의 자연에서 다양한 생명체들은 각자 자신들만의 방식으로 적응하며 생존하고 있다. 실제로 지구 환경에서 생명체가 발견되지 않는 곳은 없다. 물론 생명체도 그 형태가 매

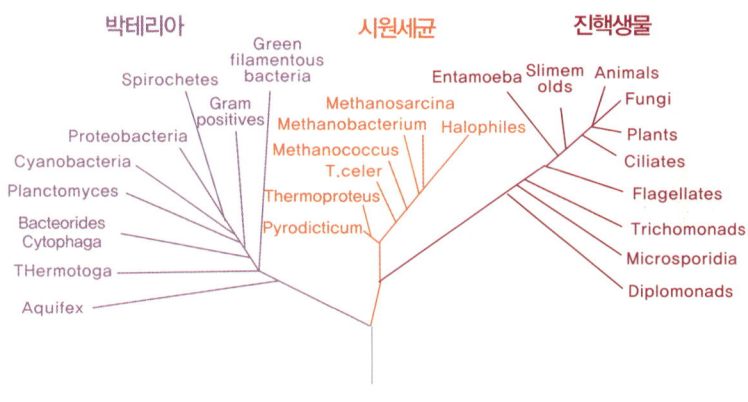

생명체의 계통수 분류

우 다양하다. 단일 세포이며 핵막이 없어 염색체가 세포질에 존재하는 원핵생물인 박테리아, 단일 세포로 생활하지만 핵막이 있어 핵을 가지고 있는 단순한 진핵생물인 효모, 곰팡이 그리고 원생생물 및 다세포 종 진핵생물인 식물과 동물, 인간에 이르기까지 생명체는 매우 다양한 형태로 존재한다. 이렇게 지구 각지의 자연에 존재하는 생명체의 다양성을 생물 다양성(biological diversity)이라고 한다. 여기에는 생물종(species)의 다양성, 생물이 서식하는 생태계(ecosystem)의 다양성, 그리고 생물이 지닌 유전자(gene)의 다양성도 포함된다. 현재 지구상에는 약 170만 종의 생물종이 알려져 있으며, 조사되지 않은 생물종까지 감안할 경우 약 1,200만 종 정도가 살고 있는 것으로 추정된다. 우리나라의 경우에는 약 10만 종 이상의 생물종이 서식하는 것으로 알려져 있다.

생물 자원의 중요성

다양한 지구 환경에서 다양한 생명체들은 아주 오랜 기간 동안 생존을 위한 가장 최적의 방법으로 진화해왔다. 즉 그들만의 생존 노하우와 방어 시스템을 가지고 자연에 순응하며 때로는 저항하며 살아오고 있는 것이다. 그러므로 생명체는 가장 최적화된 시스템이라고 할 수 있다. 만약 생물 다양성 연구를 통해 생물 자원을 확보하고 이들의 구성 요소로부터 우리에게 유용한 물질, 즉 의·식·주, 특히 식품, 의약품 및 산업용 소재들을 발견하고 활용할 수 있는 것이다.

예를 들어, 예부터 많은 생리활성물질들이 다양한 식물로부터 발견되어 사용되고 있다. 곰팡이에서 발견된 페니실린 항생제가 대표적인데, 현재 3,000종류 이상의 항생제가 미생물로부터 얻어지고 있고, 많은 의약품에 동식물에서 추출한 성분이 사용되고 있다. 조류독감이나 신종 플루의 치료약으로 알려진 타미플루는 중국 토착 식물인 스타아니스(Star anise)라는 식물을 활용해서 개발한 항바이러스 천연 신약이다. 고대부터 효모로부터 에탄올을 만들어 술이나 연료로 사용해 온 것은 생물 자원을 인류 생활에

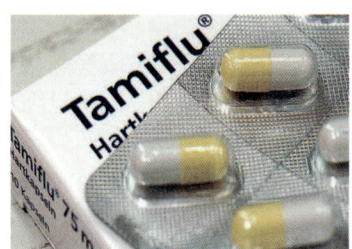

타미플루와 원료 물질인 스타아니스

> **스타아니스(Star anise)**
> 목련과 상록수의 열매로 '팔각'이라고도 한다. 이 열매를 건조한 후 분말 형태로 만든 후 향신료로 이용한다. 단단한 껍질로 싸인 꼬투리 여덟 개가 마치 별처럼 붙어 있는 모양에서 이름이 유래했다. 중국에서는 3,000년 전부터 이용해온 향신료로 현재도 전 세계 생산량의 80%가 중국에서 재배되고 있다.

활용한 가장 오래된 방법이며, 최근에는 미생물로부터 다양한 화학 물질을 만들기도 한다. 또한 생물 자원을 이용해 환경오염 물질을 흡수하거나 분해하여 대기, 물, 토양을 정화하고 있다.

자연환경과 생물 다양성의 관계를 잘 파악하고 이해한다면, 우리에게 꼭 필요한 물질이나 재료들을 생물 자원으로부터 찾아내어 활용할 수 있다. 그러므로 유용 물질을 활용한다는 관점에서 보면, 생물 자원을 잘 확보하고 보호하는 것은 매우 중요한 일이다. 같은 종류의 생물이라고 하더라도 지역에 따라 그 특성은 매우 다르며, 따라서 우리가 찾아낼 수 있는 유용 물질도 각기 달라질 수 있다.

인류 생활에서 미생물 자원의 공헌

생물 다양성 중에서 미생물(microorganism)의 다양성은 가장 크고 놀랍다. 특히 미생물은 일반적인 환경에서만이 아니라 심해 퇴적층부터 온천, 화산 지역까지 다양한 지구 환경에서 다양성을 가지고 살고 있다. 미생물은 마이크로 범위의 아주 작은 단일 세포로 된 생명체이다. 물론 주로 박테리아가 여기에 속하는데, 일부 진핵세포인 곰팡이, 효모 그리고 편모충류, 섬모충류와 같은 원생동물 등도 포함한다. 미생물만큼 오랫동안 그들이 만들어내는 다양한 대사 산물과 효소들을 통해 인류 생활에 공헌을 한 생명체는 아마도 없을 것이다.

식품과 실생활에 유용하게 쓰이는 미생물

효모(yeast)는 맥주나 포도주, 막걸리와 같은 에탄올을 포함하는 술을 만드는 데 없어서는 안 되는 미생물이다. 인류에게 가장 친숙한 미생물 중 하나이며 가장 안전한 생명체여서 식품에 이용되는 유용 물질을 만들 때 널리 활용된다. 효모는 베이킹파우더가 나오기 전까지 빵을 부풀게 하는(발효 과정에서 나오는 이산화탄소를 이용하는 것임) 역할로 사용되기도 하였다. 요구르트나 치즈를 우유의 발효로 만든다는 것은 잘 알 것이다. 이때 사용되는 주요 미생물은 유산균이다. 우리나라 대표 식품인 된장도 콩을 숙성시킨 발효 식품이며, 이때는 누룩곰팡이(Aspergillus oryzae)가 이용된다.

게다가 요즘 세탁은 뜨거운 물로 하지 않는다는 것을 알고 있는지? 이것은 세탁용 세제에 효소가 들어가기 때문에 높은 온도에서 효소가 망가지는 것을 방지하기 위해서다. 효소는 살아 있는 세포에서 일어나는 거의 모든 화학 반응을 관장하는 물질이다. 알칼리성 단

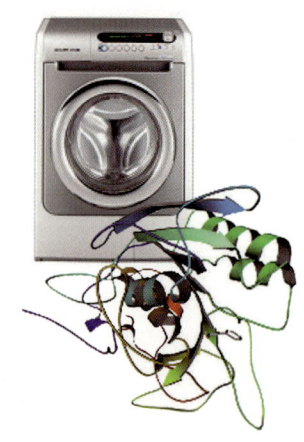

세탁용 세제에 들어가는 단백질 분해 효소 서브틸리신.

백질 분해 효소인 서브틸리신(subtilisin)이 바실러스(Bacillus subtilis)로부터 세포 바깥으로 많은 양이 분비되어 값싸게 얻어질 수 있다는 사실이 알려지기 시작하면서 세탁용 세제가 '바이오' 세제로 변했다.

인류의 건강과 산업에 미친 영향

한편 병원성 세균(박테리아)과 인간의 전쟁은 인류의 시작부터 있어 왔다고 할 수 있다. 그러나 인간이 세균에 대해 어느 정도 승기를 잡은 것은 인간의 역사로 볼 때 아주 최근이라고 할 수 있다. 1928년 영국의 미생물학자인 알렉산더 플레밍(Alexander Fleming)이 푸른곰팡이에서 우연히 페니실린이라는 항생제를 발견했고, 이로부터 페니실린이 대량으로 생산될 수 있는 기술이 개발된 1945년이 되어서야 인류는 세균과의 전쟁에서 작은 승리를 거둘 수 있었던 것이다. 이후 세팔로스포린, 스트렙토마이신 등 다양한 항생제들이 미생물에서 발견되고 대량으로 생산되어 현재는 도리어 항생제 남용의 시대가 되어버린 느낌이다. 아이러니하게도 내성 균주까지 출현하게 되었으니 말이다.

현대 문명은 화학·에너지 산업의 발달과 함께한다고 말해도 지나치지 않다. 석유와 천연가스로부터 만들어지는 다양한 화학 물질들은 우리 산업과 실생활에 널리 이용되고 있다. 우스갯소리로 방 안에 있는 한 사람에게 화학 소재로 된 물건은 모두 버리라고 한다면, 벌거벗은 채로 빈방에 있게 된다는 이야기가 있다. 그만큼 우리 현대 문명에서 화학 물질로 이루어진 소재가 널리 이용되고 있다는 말이다. 우리들이 가지고 다니는 핸드폰, 컴퓨터뿐 아니라 자동차도 많은 화학 소재들로 이루어져 있고 우리가 입고 다니는 옷도 대부분 화학 섬유로 되어 있다. 화학 물질을 통해 에탄올, 아세트산, 젖산 등이 현재 비교적 저렴한 비용으로 생산되어 산업적으로 이용되고 있다. 특히 에탄올은 바이오에탄올이라고 명명되더니 청정의 재생 에너지로 각광을 받고 있다.

이 밖에도 최근에는 다양한 화학 물질들을 생명공학적으로 만들려는 노력이 이루어지고 있는데, 이것을 바이오리파이너리(biorefinery)라고 한다. 폴리락타이드(PLA)와 같은 바이오 플라스틱, 정밀 화학 소재, 약품을 만드는 원료가 되는 의약 중간체 등은 모두 바이오리파이너리를 통해 얻어진 것이다.

 ## 암 치료에 탁월한 탁솔

관상용으로 많이 재배하는 주목나무는 성장속도가 매우 느리다. 또 동물처럼 움직일 수 없기에 나름대로의 방어 수단을 갖고 있다. 과학자들이 주목나무에서 찾아낸 물질은 탁솔(taxol)이라는 화합물로서 나무줄기를 감싸고 있다. 그래서 외부에서 병원균이 침입하기가 매우 어렵다. 연구 결과, 탁솔은 암 치료에 탁월한 효과를 가진 것으로 알려져 현재는 항암제로 사용되고 있다. 산업적으로는 주목나무의 세포를 인공적으로 배양하여 탁솔을 얻고 있는데, 우리나라 회사가 세계 최초로 탁솔을 산업화하는 데 성공하였다.

주목나무

JUMP IN LIFE 07 페니실린 이야기

📖 세포의 특성과 물질대사

페니실린은 1928년 영국의 알렉산더 플레밍(Alexander Fleming)에 의해 발견된 항생제로서 그 당시 병원균에 의해 감염된 많은 환자를 치료하는 데 사용되었다. 그 이후 다른 종류의 항생제가 많이 발견되었는데, 지금은 자연에서 얻은 항생제를 인공적으로 변환시킨 새로운 항생제를 만들어 치료용으로 사용하고 있다. 미생물은 왜 항생제를 만들까? 인류는 왜 인공적으로 항생제를 변환시키게 되었을까?

항생제를 만드는 미생물

세상의 모든 생물체는 자기를 방어하는 메커니즘을 가지고 있다. 동물은 적이 나타나면 도망간다. 그에 반해 식물이나 미생물은 도망갈 수가 없다. 그래서 다른 방어 수단을 갖고 있는 것이다. 미생물은 영양분이 풍부하고 온도, 습도가 적당하면 증식한다. 박테리아는 하나가 둘이 되고, 둘이 다시 넷으로 되는 식으로 매우 빠른 속도로 증식할 수 있다. 그러나 영양분이 부족해지거나 온도가 변하는 등 증식에 필요한 조건이 변화하면 증식에 문제가 생긴다. 미생물의 영양분

페니실리움 곰팡이

을 탄소원, 질소원, 무기염류, 산소원 등으로 나누어 볼 때, 질소원이 고갈되면 미생물은 증식에 필요한 단백질을 합성 못하게 되고, 시간이 경과하면 생명 유지에 필요한 에너지도 만들지 못하는 위기 상황에 처하게 된다. 이때 외부에서 다른 미생물이 공격해오면 큰일이 나는 것이다. 따라서 미생물로서는 비상 대책을 세워 자기 방어 수단을 강구해야 한다. 페니실리움(penicillium) 곰팡이의 경우는 페니실린이라는 물질을 합성하여 세포 밖으로 분비한다. 이렇게 되면 페니실리움 곰팡이를 공격하는 미생물이 증식할 수 없게 되므로 페니실리움 곰팡이는 어느 정도 안전해진다. 그러다가 다시 영양분이 골고루 생기면 증식을 계속한다. 이것이 미생물이 항생제를 만들어내는 이유이다.

당시 전쟁으로 인해 상처를 입은 군인들은 상처 난 부위를 통해 병원균이 침입하여 죽는 경우가 많았다. 따라서 상처 입은 환자를 치료하기 위한 방법으로 항생제를 투여하여 많은 환자들의 생명을 구할 수 있었다. 우연히 찾아낸 페니실린 덕분에 인류의 질병 퇴치에 새로운 희망이 생긴 것이다. 그 이후 과학자들의 연구에 의해 스트렙토마이신, 가나마이신 등 많은 종류의 항생제가 개발되어 치료 효과를 높일 수 있었다.

그런데 항생제를 계속 투여하다 보니 항생제를 투여해도 치료 효과가 없는 경우가 생기기 시작했다. 병원균 입장에서는 외부에서 투입된 항생제 때문에 증식을 할 수 없으니 항생제를 무력화시켜야 한다. 변화하는 환경에 대응하기 위해 생명체가 구사하는 일종의 전략이다. 이 경우 병원균은 페니실린을 무력화시키기 위해 효소를 합성하여 페니실린을 분해시켰다. 병원균과 인간의 싸움에서 병원균이 이긴 것이다.

그러나 과학자들은 다시 자연계에서 일어난 현상을 역이용할 수 있는 방법을 찾아냈다. 미생물을 이용하여 얻은 페니실린을 병원균이 생산하는 효소로 절단한 다음 얻어지는 화합물(6-APA)에 새로운 화학반응을 일으켜 새로운 종류의 페니실린을 합성했다. 병원균과의 싸움에서 다시 인간이 이긴 것이다.

그러나 방심하면 안 된다. 새로운 항생제도 분해시키는 병원균이 나타났기 때문이다. 이번에는 어떻게 새로운 병원균과 싸워 이길 수 있을까? 오늘도 과학자들은 끊임없이 연구에 매진하고 있다.

 항생제(antibiotics)

살아 있는 유기체, 일반적으로 미생물에 의해 생성되는 것으로서 다른 미생물에 해를 주는 화학 물질을 항생 물질이라 하는데, 이러한 물질로 만든 약을 항생제라고 한다. 항생 물질은 세균과 균류(菌類)가 자연적으로 땅속에 방출하지만, 1941년 페니실린이 도입될 때까지는 주목을 끌지 못했다. 페니실린의 도입 이후 항생 물질은 인간과 다른 동물의 세균 감염 치료에 혁명을 일으켰다.

- 페니실린 : 세포벽을 합성하지 못하도록 해 연약한 세포막이 터지도록 한다. 포도상구균 · 연쇄상구균 · 폐렴구균 · 임균 · 매독스피로헤타 같은 세균이 일으키는 질병을 치료하는 데 쓰인다.
- 스트렙토마이신 : 결핵 치료에 유효한 것으로 밝혀진 최초의 항생 물질. 미생물의 리보솜에 작용하여 미생물이 단백질을 만들지 못하도록 방해한다.
- 테트라시클린 : 화학적으로 테트라시클린핵을 가지고 있으며 미생물의 리보솜에서 t-RNA의 전사를 방해하여 단백질 합성을 억제함으로써 항균 작용을 한다. 테트라시클린에 감수성이 있는 미생물 중에는 안구 질환 · 티푸스 · 로키산 홍반열 · 폐렴 등을 일으키는 미생물이 있다.
- 클로람페니콜 : 리보솜에 작용하여 단백질 합성을 억제한다. 질병을 일으키는 많은 세균 · 리케차 · 미코플라스마(Mycoplasma)에 대해 효과적이다.

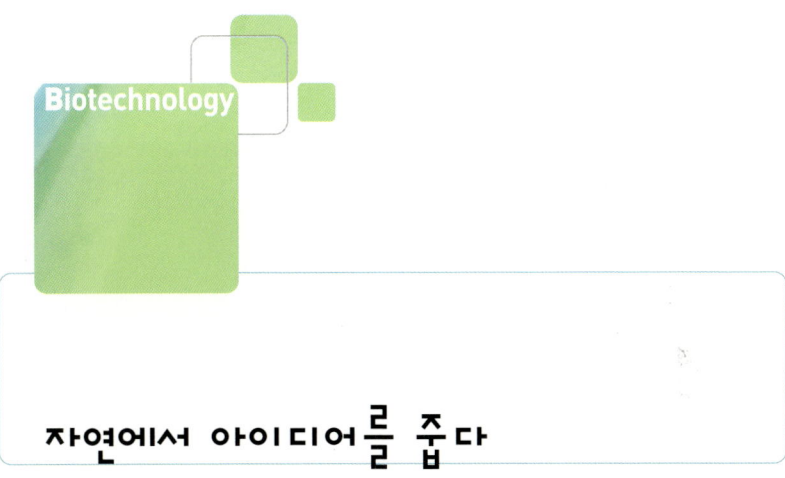

자연에서 아이디어를 줍다

📖 생물 자원의 이용

'찍찍이' 를 아시나요?

찍찍이. 신발끈을 일일이 묶거나 풀 필요 없이 한 번에 찌익- 당겨서 붙이기만 하면 되는 편리한 찍찍이. 또 가방을 일일이 닫으려고 단추를 채울 필요 없이 당겨서 붙이기만 하면 되는 찍찍이. 이처럼 간단하고 튼튼한 접착포는 누가 만들었을까? 나도 그런 것을 만들 수는 없을까?

사실 찍찍이를 발명한 사람은 평범한 사람이다. 우연히 개와 함께 들판을 산책하고 돌아온 그는 옷에 무엇인가가 묻어서 잘 떨어지지 않는 것을 발견했다. 다른 사람 같으면 툭 털어내고 말았을 것이지만 그 스위스 사람, 게오르게(George de Mestral)는 그것의 구조를 유심히 살폈다. 그것은 다름 아닌 '도코마리'라는 식물의 씨앗이었다. 끝이 갈고리 모양인데, 그런 갈고리가 여러 개 모여서 옷의 섬유에 달라붙은 것이었다. 몇 개 안 되는 갈고리만으로도 옷에서 떼어내기가 힘들다. 실제로 해보면 옷의 실오라기가 풀려 나올 만큼 그 힘은 굉장하다.

이것을 찬찬히 살펴보고 무릎을 탁 친 스위스 엔지니어 게오르게는 그것을 모방한 접착 밴드를 만들기 시작했다. 수많은 고리를 벨벳 천에 붙이고 반대쪽에 고리에 걸리는 붙임판을 만들어서 완성한 것이 바로 벨크로(Velcro=Velvet+Crocket), 즉 벨벳 천과 고리(Crocket) 이름에서 따온 '찍찍이'이다. 이것이 나온 것이 1950년이니 벌써 오래전부터

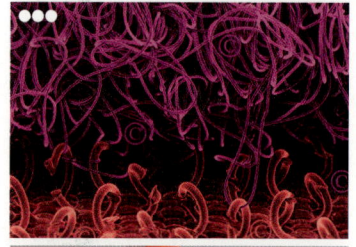

● 옷에 달라붙는 도코마리 씨앗
●● 벨크로를 만든 게오르게
●●● 도코마리 씨앗을 모방한 '찍찍이' 벨크로의 구조. 벨크로는 일상생활에서 많이 쓰이는 만능 접착포다.

지금까지 사용되고 있는 편리한 붙임용 밴드임에 틀림없다. 아마도 그는 굉장히 많은 돈을 벌었을 것이다. 만약 이런 기회가 스위스 엔지니어가 아닌 나에게도 온다면, 나는 과연 '찍찍이' 같은 것을 만들 아이디어를 생각해낼 수 있을까?

생체 모방 기술이란?

생체 모방 기술은 글자 그대로 생체(Bio)를 모방(mimic)하여 뭔가를 만들어내는 것이다. 영어로는 Biomimics, Biomimetics 등으로 표현된다. 모방하는 것은 물리적인 기능일 수도 있고, 화학적인 물질, 또는 어떤 행동일 수도 있다. 요즘 수영선수가 전신 수영복을 입어서 물과의 마찰을 줄임으로써 기록을 줄이려는 것은 고래, 상어 등의 표면 돌기를 모방한 것이다. 바로 물리적인 것을 모방한 예이다. 거머리는 피를 빨기 위해서 피가 응고되지 않도록 혈액 응고 방지 물질을 내는데, 이를 이용하여 심장마비 치료제인 혈전 용해제를 생산하는 것이 화학적 응용의 예라고 볼 수 있다.

거머리가 분비하는 혈액 응고 방지 물질을 모방해 혈전 용해제를 만든다.

또한 어패류 등에서 자주 인체에 치명적인 독소를 내뿜는 비브리오균은 일단 인체에 침입하여 바로 독소를 생산하지는 않는다. 그럴 경우 인체의 면역 시스템보다 월등히 세력이 약해서 금방 전멸당하고 만다. 그 대신 비브리오균은 세력을 형성할 때까지 기다린다. 병원균의 세력이 충분히 커지면 비로소 독소를 생산하여 공격을 개시한다. 이런 생물체의 놀라운 전략은 군대가 적진에서 침투 병력을 운용하거나 컴퓨터 바이러스 방지, 또는 정치·사회에서 응용될 수 있는 기술이다. 현재 물리·화학적 특성을 모방한 기술은 많은 연구가 진행되고 있지만, 생물체의 집단행동에 대한 연구는 여전히 미지의 분야로 남아 있다.

왜 생체 모방 기술이 중요한가?

여러 학설이 있지만 인간이 지구 상에 나타난 연도는 대략 2,500만 년 전으로 알려져 있다. 하지만 생물체가 지구에 처음 모습을 보인 것은 이것의 약 140배 이전인 35억 년 전인 것으로 보고되어 있다. 35억 년 동안 생물체는 진화하였다. 이 기간이 생물체가 진화하기에 충분한 시간임에는 틀림없다. 진화를 뒷받침하는 주장으로는 여러 가지 필요 요건 중 환경에 적합한 특성을 가진 종이 살아남고 진화한다는 설이 주류이다. 한마디로 가장 적합하게 환경에 적응하는 종이 살아남는다는 것이다. 그렇다면 지금까지 살아 있는 생물종은 나름대로 비장의 무기를 하나씩 가지고 있다는 얘기다. 아주 작은 생물체인 미생물마저도 살아남기에 최적의 방식으로 진화한 셈이다. 하느님이 모든 걸 한 순간에 창조했다고 하는 창조론과 생물이 진화했다는 진화론, 어느 것이 맞는가를 논하는 것은 나중에 할 일이다. 지금 이 순간 중요한 것은 최고의 능력을 가진 생물체가 존재한다는 것이고, 우리는 그것을 연구해서 좋은 것을 만들면 된다.

무엇인가를 과학적으로 만들려면 아이디어가 필요하다. 아이디어를 얻는 방법은 크게 세 가지이다. 첫째로 이미 알려진 것을 변형하는 방법이다. 하지만 대부분의 경우 기존의 기술에서 크게 벗어나지 못하고, 산업화할 경우 특허 등의 문제에 걸릴 수도 있다. 무엇보다도 앞선 기술을 따라잡기에 급급한 데다 치열한 경쟁까지 요구되는 방법이다.

둘째로 완전 상상을 통해 만들어지는 구름 같은 아이디어이다. 이 경우 완전히 새로운 개념, 새로운 물건, 없던 기술이 태어날 가능성이 크다. 하지만 실현 가능성은? 물론 상상의 기술을 끊임없이 연구한다면 불가능이란 없겠지만, 문제는 얼마나 걸릴지 모른다는 것이다. 예를 들어, 마음속으로 상상만 하면 어느 곳으로든 이동할 수 있는 기술을 만들고 싶다고 해서 과연 이런 기술이 가능할 것인가? 아마도 우리가 살아 있는 동안에는 실현되기 힘들 것이다.

셋째로는 이미 자연에 존재하되 아직 개발이 안 된 기술을 찾아보는 생체 모방 기술이다. 예를 들면 파리는 수직 비행, 후진 비행 등이 아주 자유롭다. 이런 기술은 이미 파리가 가지고 있다. 따라서 우리는 파리의 비행역학을 기존의 헬리콥터에 적용하는 방법을 개발할 수 있다. 아마도 후진 비행에 필요한 기술 자료 또는 아이디어가 하나도 없는 상황에서 시작하는 것보다는 훨씬 성공의 가능성이 높을 것이다.

만약 여러분이 과학자라면 세 가지 방법 중에서 어느 것을 택하겠는가?

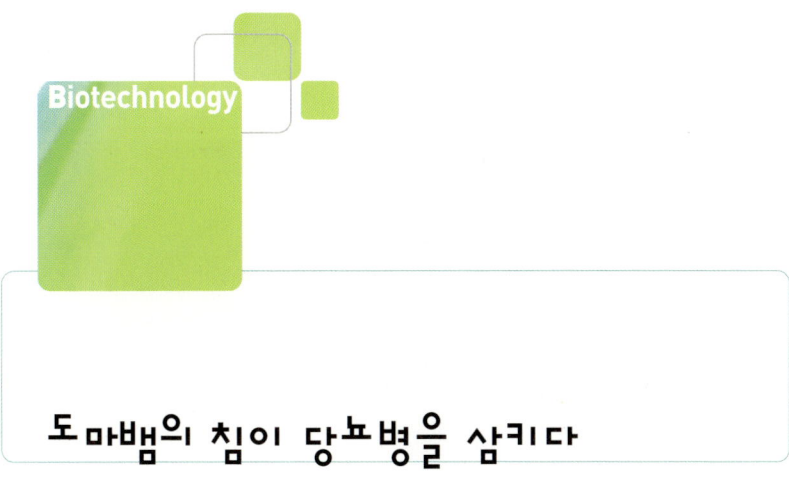

도마뱀의 침이 당뇨병을 삼키다

📖 호흡과 순환, 생물 자원의 이용

바이오 의약품의 개발은 때때로 재미있는 뒷이야기를 남긴다. 예를 들어, 최근 세계적인 제약 회사인 일라이 릴리(Eli Lilly) 사가 개발한 당뇨병 전문 치료제 '바이에타'만 해도 그렇다. 이 약은 미국 남서부의 사막에서 서식하는 '힐러몬스터(Gila monster)'라는 도마뱀의 타액에서 아이디어가 얻어져 개발되었다. 도마뱀의 타액과 당뇨병이 무슨 연관이 있을까?

평소에 〈동물의 왕국〉과 같은 다큐멘터리를 즐겨 보던 한 연구원이 힐러몬스터의 특이한 포식 습성을 우연히 알게 된 것으로 이야기는 시

1년에 3~4차례 자기 몸무게의 3분의 1만큼의 먹이를 먹어 저장하는 힐러몬스터. 침에 독특한 물질이 들어 있다.

작한다. 이 힐러몬스터는 1년에 단 3~4차례, 한 번에 자기 체중의 3분의 1에 이르는 양의 먹이를 먹는데, 이렇게 포식을 할 수 없는 배고픈 굶주림의 기간 동안에는 에너지 사용을 최대한 억제하기 위해 인슐린을 만드는 췌장의 기능을 약화시키고, 먹이를 먹을 수 있는 상황이 되었을 때 췌장의 기능을 다시 살리는 독특한 생물학적 능력을 가지고 있다.

  일반적으로 음식을 먹으면 침이 나오게 되므로, 그 연구원은 도마뱀의 침에 췌장의 기능을 다시 활성화시키는 특수한 물질(단백질)이 있을 것으로 추측하였다. 이러한 가정 아래 꾸준히 연구한 결과 특별한 단백질을 분리할 수 있었는데, 이를 '바이에타' 라는 의약품으로 개발하였다. 즉, 바이에타는 힐러몬스터 도마뱀의 침 성분에서 '엑센딘-

4'라는 단백질을 추출한 후 재합성 과정을 거쳐 만들어진다. 아직 확실히 밝혀지진 않았지만, 엑센딘-4는 힐러몬스터 도마뱀이 섭취한 영양소를 처리 및 저장하는 작용을 돕고 쇠퇴한 췌장의 기능을 되살리는 역할을 하는 것으로 알려져 있다. 이 바이에타는 혈당이 높아졌을 때만 인슐린 분비를 촉진하기 때문에 '지능적인' 당뇨병 치료제로 평가 받고 있다.

당뇨병이란?

당뇨병은 세계적으로 가장 문제가 되고 있는 질병 중 하나로서, 최근 세계당뇨병재단의 발표에 따르면 세계 당뇨병 환자의 수가 2억 5,000만 명으로 급증하였다고 한다. 특히 당뇨병으로 심각하게 몸살을 앓고 있는 10개국 중 7개국은 개발도상국인데, 2025년경 세계 당뇨병 환자의 수는 3억 8,000만 명 이상으로 증가할 것으로 추산된다. 전 세계적으로 매년 300만 명의 목숨을 앗아가는, 즉 매 10초마다 한 명꼴로 사망의 원인이 되는 당뇨병은 이제 일반인들이 겪는 네 번째로 흔한 사망 원인이 되었다. 우리나라도 이미 당뇨병에서 자유롭지 않은 나라가 되었다. 국내 당뇨병 환자의 수는 '당

인슐린
췌장의 랑게르한스섬의 베타세포에서 생성되어 당대사에 관여하는 호르몬. 음식물로 섭취된 탄수화물, 지방, 단백질은 인체에서 포도당, 지방산, 아미노산으로 분해되어 혈액 속으로 들어가 세포의 활동을 돕고, 나머지는 저장되어 있다가 필요할 때 분해되어 재활용된다. 인체에서 가장 중요한 에너지원인 포도당 대사에 관여한다. 포도당이 세포 속으로 들어가야 에너지원으로 사용되는데, 인슐린이 제 기능을 발휘하지 못하거나 부족하면 포도당을 섭취하더라도 에너지원으로 사용되지 못한다. 그러면 포도당이 혈액 속에 머물러 혈당을 올리고, 과다한 포도당이 소변으로 배출된다.

뇨 예비군'으로 표현되는 잠재 환자까지 포함하면 무려 전체 성인 인구의 15% 이상이어서 당뇨병 관리가 매우 절실한 상황이다.

당뇨병은 혈당 수치가 일시적으로나 규칙적으로 정상 수치를 넘어서는 경우에 발생한다. 음식 조절, 운동, 인슐린 주사(한 달에 1회 이상) 등과 같은 요법으로 증상을 완화시킬 수 있지만, 아직까지는 근본적인 치유가 불가능한 질병이다. 게다가 관리와 치료를 하지 않고 그냥 내버려둘 경우에는 혈당 수치가 급속하게 올라갈 가능성이 높아서 혼수 상태, 심장 질환, 신장 훼손, 실명, 수족의 괴사 등과 같은 합병증을 유발하게 된다. 당뇨병은 혈액 검사만으로 간단하게 진단할 수 있는데, 특별한 증상이 없더라도 8시간 이상 금식한 후에 측정한 혈당이 126mg/dL 이상이거나, 당 성분을 섭취한 뒤 2시간 후 혈당이 200mg/dL 이상인 경우를 당뇨병이라고 진단한다. 또한 물을 많이 마시거나 소변이 많아지고 체중이 감소하는 동시에, 식사와 무관하게 측정한 혈당이 200mg/dL 이상일 때도 당뇨병으로 진단한다.

당뇨병은 인슐린에 의존하느냐 의존하지 않느냐에 따라 각각 제1형과 제2형 두 가지로 나누는데, 인슐린 의존형인 제1형 당뇨병은 아주 오래전부터 알려져 있었다. 이는 주로 유아기나 청소년기에 발생하는데, 신체의 자가 면역 체계에 이상이 생기면서 혈당을 줄이는 기능을 하는 인슐린을 분비하는 췌장 세포가 파괴되어 나타난다. 인슐린 분비가 제대로 이루어지지 않아서 혈당이 높아지면 눈과 심장을 비롯해 여러 장기가 손상·훼손되고 단백질 합성 능력이 떨어져 몸이 전반적으로 기운과 체력을 잃게 된다. 이러한 제1형 당뇨병은 외부에서 인슐린을 주사하면 당뇨병 증상이 바로 호전되지만, 1922년에 두 과학자 프레더릭 밴팅(Frederick Banting)과 찰스 허버트 베스트(Charles Herbert Best)가 인슐린의 실체와 역할을 발견하기 전까지만 해도 제1형 당뇨병에 걸린 환자는 거의 모두가 목숨을 잃었다.

인슐린 비의존형이라고도 하는 제2형 당뇨병은 1935년에야 비로소 그 실체를 알게 되었는데, 오늘날 당뇨병 환자의 95%가 바로 이 제2형 당뇨병에 속한다. 제2형 당뇨병은 일반적으로 몇 년에 걸쳐 서서히 진행되는 것으로 알려져 있다. 제2형 당뇨병은 체내에서 인슐린이 비교적 정상적으로 분비되지만, 혈중 포도당을 제거할 세포가 정상적으로 인슐린에 반응하지 못하는 데 원인이 있다. 전체 환자의 비율에서도 알 수 있듯이, 유전적 요인이 많은 제1형보다 후천적 환경에 요인이 있는 제2형 당뇨병에 걸릴 가능성이 많다. 제1형 당뇨병 환자는 정상인에 비해 수명이 15년 짧아지고, 제2형 당뇨병 환자는 평균 5~10년 정도 짧아지는 것으로 통계적으로 알려져 있다. 질병 없이 행복하게 오래 살고 싶어 하는 인간의 소망을 실현하기 위해서도 이러한 당뇨병은 꼭 극복되어야 할 것이다.

인슐린을 발견한 과학자 프레더릭 밴팅과 찰스 베스트.

당뇨병
치료의 역사

당뇨병 치료 연구의 커다란 진척은 1869년 독일 의사 파울 랑게르한스(Paul Langerhans, 1847~1888)가 췌장에서 섬 세포를 발견하면서 시작되었다. 오늘날 이 섬 세포는 발견자의 업적을 기리는 뜻에서 '랑게르한스섬'이라고 불린다. 1889년 슈트라스부르크대학교의 요제프 폰 메링(Josef von Mering)과 오스카 민코프스키(Oskar Minkowski)는 우연히 매우 흥미로운 사실을 발견하였다. 즉, 개에서 췌장을 제거하자 갑자기 오줌의 양이 많아지고 그 오줌에 파리 떼가 들끓는 것을 본 것이다. 왜 그런 것인지 이 현상을 규명하는 데 매달린 두 과학자는 곧 개의 오줌에 당분이 많다는 사실을 발견하였고, 이로써 췌장 내 세포들이 당분 조절을 담당한다는 사실을 알게 되었다. 그리고 오줌으로 당분이 빠져나가는 증상을 '췌장 당뇨'라고 명명하였다. 이러한 실험 결과는 당시 전 세계의 많은 의사들의 관심을 불러일으켰다. 곧 이어 캐나다의 정형외과 의사인 프레더릭 밴팅은 개의 랑게르한스섬에서 분비되는 인슐린을 추출하는 데 성공하였고, 그는 1923년에 이러한 공로로 노벨 생리학상을 수상하였다.

파울 랑게르한스

랑게르한스섬
척추동물의 췌장에 있는 불규칙하게 생긴 내분비조직.

인슐린 관련 특허는 여러 가지 우여곡절 끝에 캐나다의 토론토대학교가 갖게 되었다가, 인슐린 제조권이 당시 조그마한 제약회사였던 '릴리'라는 회사로 넘어갔다. 릴리 사는 1923년부터 소에서 인슐린을 추출해 의약품을 생산함으로써 당뇨병 치료제 '바이에타'를 개발한 세계 굴지의 바이오 제약회사인 일라이 릴리 사의 밑거름이 되었다. 그 후 1955년에 소에서 추출한 인슐린의 단백질 구조가 밝혀졌고, 그 결과를 토대로 1979년에는 인간의 인슐린을 유전공학적인 방법으로 대장균에서 대량 생산하는 기술이 확립되었다. 이로써 당뇨병 환자의 급증으로 인한 인슐린 부족 사태에 대한 우려는 말끔히 사라졌다. 특히 바이오 기술의 발달과 더불어 인슐린은 가난한 당뇨병 환자가 투여하여도 부담 없는 가격이 되어, 현재는 전 세계적으로 당뇨병에 의해 직접 생명을 위협 받는 일이 거의 해결되는 수준에 이르렀다.

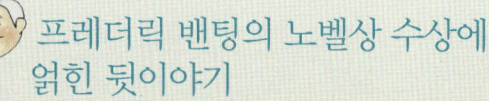

프레더릭 밴팅의 노벨상 수상에 얽힌 뒷이야기

프레더릭 밴팅은 절친한 친구가 당뇨병으로 숨지자 이를 계기로 1921년 당뇨병 연구를 시작하였다. 원래 정형외과 의사였던 밴팅은 기초적인 동물 실험을 위한 실험실조차 없던 차에 토론토대학교 생리학과의 J. J. R. 매클라우드 교수를 찾아가 당뇨병의 치료 가능성을 설명하고 방학 기간 중에 실험실과 실험 장비를 사용해도 좋다는 허락을 받아냈다. 매클라우드 교수는 당초 당뇨병에는 별 관심이 없었던 터라 밴팅의 아이디어에 회의적이었지만, 미국에서 온 찰스 베스트라는 자기 학생을 조수로 붙여주었다. 바로 실험에 돌입한 밴팅과 베스트는 몇 번의 시행착오와 힘든 노력 끝에 개의 췌장에 있는 랑게르한스섬에서 분비되는 생리 물질을 추출하는 데 성공, 그 물질을 '아일레틴'이라 불렀다. 섬에서 분비되는 생리 활성 물질이라는 의미로 만들어진 이름이었지만, 나중에는 '인슐린'으로 이름이 바뀐다.

그로부터 1년 뒤인 1922년 1월 두 과학자는 실제 당뇨병을 앓고 있는 13세의 어린 남자 환자를 대상으로 개의 췌장에서 추출한 물질을 투여, 당뇨병으로 인한 고통스러운 증상이 급격히 호전되는 것을 보았다. 당뇨병이 치료될 수 있는 가능성을 보여준 이 소식은 곧바로 세계적인 관심을 불러일으켰고, 그로부터 다시 1년 뒤인 1923년 밴팅은 자신에게 관련 실험을 수행할 기회를 준 매클라우드 교수와 함께 노벨생리의학상을 공동으로 수상하였다.

하지만 노벨상 수상의 기쁨과 영광은 오래가지 못했고 추문으로 얼룩져버렸다. 그 이유는 피와 땀을 흘려 결과를 얻은 밴팅이 수상 직후 매클라우드 교수의 수상에 정식으로 이의를 제기했기 때문이다. 밴팅은 언론을 통해 매클라우드 교수는 실제로 실험실만 제공한 것뿐이고 실험이 절정에 달했을 때는 고향인 스코틀랜드에서 장기 휴가를 보내고 있었다고 강하게 불만을 토로했다. 그럼에도 노벨상 공동 수상이 번복되지 않자 밴팅은 자신의 뜻을 세계에 널리 알리고자 조수였던 찰스 베스트에게 상금의 절반을 나누어 주었고, 더 나아가 인슐린과 관련된 특허권리를 토론토대학교에 무상으로 제공하기로 결정하였다.

프레더릭 밴팅은 1941년 전쟁사절단으로 임무를 수행하던 중 비행기 사고로 사망했다.

바다에서 새로운 물질을 얻다

생물 자원의 이용, 생물의 다양성

 아직도 미지의 영역으로 남아 있는 바다는 지구 상에서 우리가 활용할 수 있는 다양한 생물 자원의 마지막 보고이다. 최근 들어 해양 생명체에서 새로운 물질을 찾아내 활용하려는 연구들이 활발하게 이루어지고 있다. 한 예를 들자면, 우리가 즐겨 먹는 해산물인 홍합도 그중 하나이다. 홍합에서 새로운 접착 물질을 찾아내 대량으로 생산하여 봉합사를 대체하는 의료용 생체 접착제로 이용하려는 연구가 진행되고 있다.

해양 생물의 다양성과 신물질 발견

바다는 지구 표면적의 약 70%를 차지하고 있다. 바다는 온도, 압력, 염도, 빛, 기체, 영양분 등에서 육상에 비해 매우 다양한 환경 조건을 가지고 있다. 또한 부피에 걸맞게 바다에는 다양한 생명체들이 존재하며, 이는 전체 지구에 존재하는 생명체의 약 80%에 해당한다. 또 실제로 바다는 지구 생명체가 시작된 곳이기도 하다. 하지만 이렇게 중요한 의미를 가지는데도 해양에 살고 있는 생명체에 대한 연구는 아직까지 전체 지구 생명체 연구의 1%에도 미치지 못하고 있는 실정이다.

여전히 해양은 미지의 개척지로 인식되고 있으며, 실제로도 그렇다. 하지만 매우 적은 연구들만이 진행되고 있음에도 육지에서 발견되지 않았던 새로운 물질들이 해양 생물로부터 속속 발견되어 보고되고 있다. 이러한 새로운 물질들에는 현재 쓰이고 있는 육지의 것들보다도 항암, 항염, 진통 효과가 몇 배에서 몇 천 배 높은 물질들도 있어서 신약으로 개발 중이거나 이미 판매되고 있기도 하다. 아마도 바다의 생명체는 육지와는 매우 다른 환경에서 살며 환경에 적응하기 위해 매우 특이한 기능들을 발전시켜왔기 때문에, 해양 생물에서 지금껏 발견되지 않았던 새로운 물질들이 발견되는 것은 당연한 일인지도 모른다.

홍합의 접착 비밀을 캐내다

바다에는 해저나 해상의 단단한 돌이나 구조물에 붙어 사는 생물들

생물의 다양성과 환경

이 있다. 이러한 부착성 생물들은 지지대라는 부분을 부착에 이용한다. 홍합, 따개비, 굴 등이 이러한 부착성 생물의 대표적인 예다. 이 중 홍합은 영양가가 매우 좋아서 많은 사람들이 좋아하는 해산물이다. 그러나 우리가 홍합의 가치를 미각적 욕구를 충족하는 데 말고도 부여할 수 있다는 생각은 별로 해본 적이 없을 것이다. 홍합을 바닷가의 배나 바위 등에서 직접 떼어본 적이 있다면, 아마 손으로는 거의 불가능하다는 것을 금방 알 것이다. 이렇게 강한 접착력은 대체 어디서 나오는 것일까?

홍합은 자기 발에다 '족사'라는 가느다란 관과 같은 구조를 만든 다음 접착제를 분비하여 접착 표면에 '플라크(plaque)'라는 딱딱한 접착 덩어리를 만드는데, 이것이 홍합을 바위 위에 단단히 붙어 있게 하는 비밀이다. 홍합이 분비하는 접착제가 단백질로 이루어졌다는 것이 약 30년 전쯤에 알려지기 시작했다. 홍합 접착 단백질은 다양한 표면에 강력하면서도 유연하게 접착하며 수분에 강하다는 장점을 가지고 있다. 또 생분해성 특징과 함께 인체에 면역 반응을 유도하지 않기 때문에 인체용 생체 접착제로 가장 적합한 가능성 높은 소재로 알려져왔다. 하지만 이 접착 단백질 1그램을 얻기 위해서는 1만 마

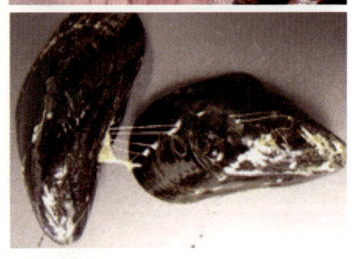

홍합의 족사에서 접착 단백질이 분비된다.

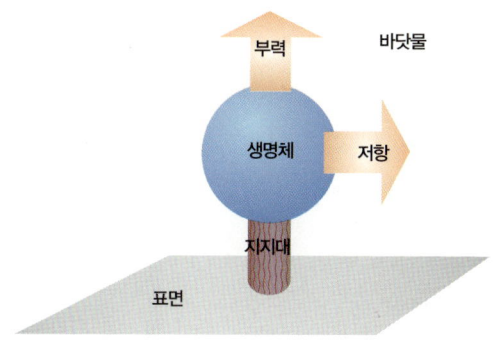

해양생물의 부착 기작

리의 홍합이 필요하며, 여기서 추출한 접착 단백질은 현재 1그램당 9,000만 원 이상의 매우 높은 가격에 팔리고 있다. 따라서 현재 연구 개발용과 같은 매우 한정된 부분에만 활용되고 있는 형편이다.

홍합 접착 단백질의 개발과 응용

현재 의료용 접착제로 널리 쓰이는 물질은 순간접착제의 주성분인 시아노아크릴레이트(cyanoacrylate)라는 화학 접착제이다. 시아노아크릴레이트는 피부의 찢어진 곳을 잘 접합해줄 수는 있지만, 인체 안으로 들어가면 염증을 유발하는 등 많은 임상 문제를 일으킨다. 따라서 사람의 몸 안에서 직접 쓸 수 있는 의료용 화학 접착제는 세계적으로도 전무한 실정이다. 또 동물의 혈장 등에서 추출한 피브린, 알부민과 같은 접착 물질들도 사용되고 있지만, 생산 단가가 높은 반면 접착력은 떨어지고 면역 문제를 일으키는 등 여러 가지 단점들을 가지고 있다.

물론 자연적으로 홍합 접착 단백질을 추출하여 쓰면 좋겠지만, 이 경우에도 얻을 수 있는 양에 한계가 있기 때문에 실제적인 개발에는 문제가 생길 수밖에 없다. 따라서 많은 연구자들이 유전공학적으로 홍합 접착 단백질을 대량 생산하려 시도해왔으나 현실적인 실용화 기술이 개발되지 못했다.

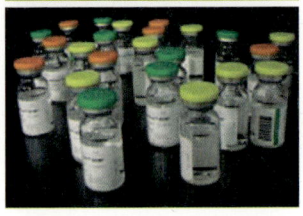

유전공학적으로 생산된 홍합 접착 단백질과 제품들

한편 최근 우리나라에서는 홍합 유래 생체 접착제를 개발하기 위해 홍합이 자연에서 행하는 실제적인 방

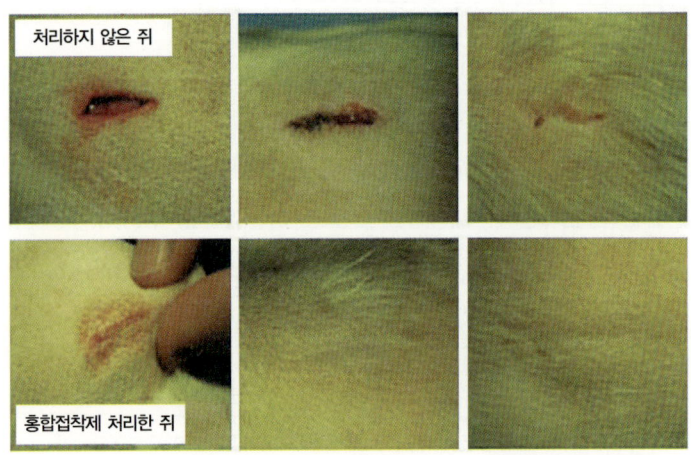

홍합 접착 단백질을 이용해 쥐의 피부 상처를 봉합해본 결과, 홍합 접착제를 처리한 쥐의 상처가 훨씬 더 빨리 그리고 흔적 없이 아물었다.

법을 모방하는 새로운 전략을 시도하였다. 홍합은 여러 가지 접착 단백질들을 동시에 활용하는데, 각 접착 단백질의 개별적인 유전공학적 대량 생산은 거의 불가능한 것으로 알려져 있다. 이에 두 가지 이상의 접착 단백질을 유전자 차원에서 결합시켜 하나의 단백질로 만드는 융합 전략을 사용한 것이다. 이를 통해 매우 강한 접착력을 보이면서도 뛰어난 생산성과 생산 방법 그리고 농축이 가능한, 실생활에 다양한 용도로 활용할 수 있는 생체 접착제가 세계에서 유일하게 개발되었다.

이렇게 만들어진 홍합 접착 단백질 소재는 플라스틱, 유리, 금속, 가죽 등 다양한 표면에 접착할 수 있다. 접착 강도는 재질에 따라 다르기는 하지만 $1cm^2$당 20~100kg의 물체를 들어 올릴 수 있는 정도로 매우 강하다. 또한 다양한 동물 및 인간 세포들을 표면에 부착시켜 배양시킨 세포 접착 실험, 동물의 피부 상처 봉합 실험 및 동물을 이용한 면역 반응 유도 실험 등을 통해 인체에 사용할 수 있는 가능성도 확인되었다. 따라서 앞으로 수술용 봉합사를 대체하는 것은 물론, 이와 더불어 피부, 뼈, 임플란트(implant) 등을 위한 다양한 의료용 생체 접착제로 널리 활용될 전망이 매우 크다.

생물 다양성을 지키는 길

📖 생물의 다양성, 환경오염, 자연보존

　생물과 환경은 떼려야 뗄 수 없는 관계이다. 다양한 자연환경만큼이나 생명체도 다양성을 가지며 자연에서 적응하고 생존해오고 있기 때문이다. 환경을 보호하는 일은 곧 생물 다양성을 보호하는 일이고, 이것은 우리 인류의 미래를 유지시키는 것과도 직접 연결된다. 환경에 대한 인간의 관심이 높아지면서 환경을 보호하기 위한 연구 분야가 대두되었는데, 이른바 환경공학이다. 특히 환경공학에서 생명체나 생물에서 유래하는 소재를 활용하여 환경을 연구하는 분야를 '환경생물공학(Environmental Biotechnology)'이라 한다.

환경생물공학은 생명체나 생체 소재를 이용해 유해 물질을 무해한 물질로 변화시켜 환경을 보호하고자 한다. 실제로 이러한 생명체에 의한 환경 정화는 자연적으로 일어나는 과정이다(생태계의 자정 작용이라고 한다). 그러나 급속한 사회 개발로 이러한 자연적인 정화 작용의 한계를 벗어나면서 오염이 일어나게 되는 것이다. 이렇게 오염이 일어난 부분의 정화가 충분히 일어날 수 있도록 인위적으로 생명체를 투입한다거나 하여 처리하는 방법이 바로 환경생물공학이다.

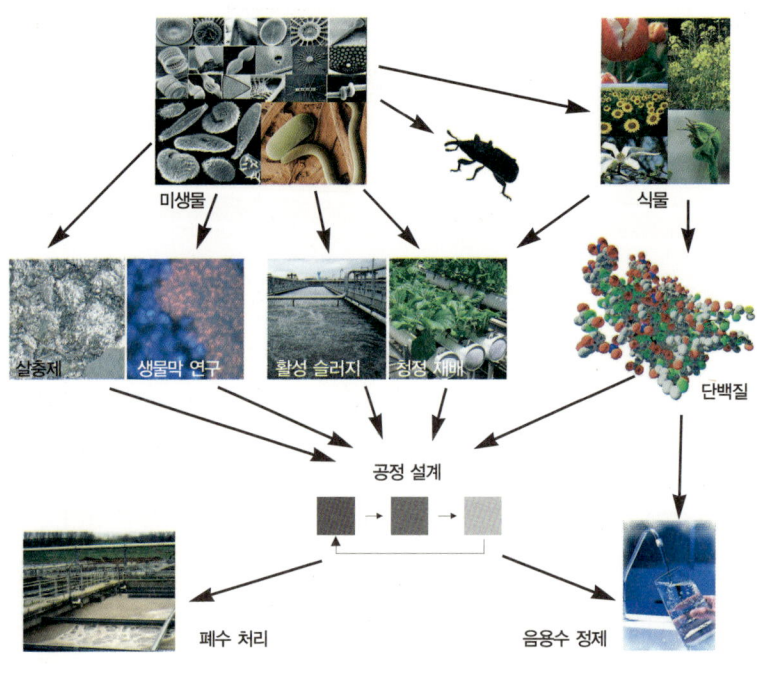

환경생물공학

깨끗한 물 만들기

인간의 몸 중에서 60~70%가 물이다. 매일 우리는 1인당 약 2~3리터의 물을 마신다. 이렇게 인간에게 가장 중요한 물질인 물의 중요성을 애써 강조할 필요는 없다. 깨끗한 물을 마시는 것은 건강을 지키는 가장 중요하고 기본적인 방법이다. 옛날에는 강이나 호수, 지하수의 물을 직접 그대로 음용으로 사용해왔다. 이때에는 미생물의 자연적 정화력이 충분히 물을 깨끗하게 만들 수 있었기 때문이다. 그러나 사회가 급격히 개발되고 인구가 엄청난 속도로 늘어나면서 공장 폐수, 생활 하수 등이 흘러 들어가 자연의 정화 기능에만 의존할 수 없는 상황이 된 것이다.

최근 매스컴에서 많이 볼 수 있는 장면의 하나가 아프리카 사람들이 웅덩이에서 직접 물을 길어다 먹는 모습이다. 수돗물도 없고, 깨끗

더러운 웅덩이에서 물을 긷는 아프리카 여인.

한 우물물도 없어서 더러운 웅덩이에서 물을 얻고 있는 것이다. 그러다 보니, 병원균이 있거나 중금속에 오염된 물을 그냥 먹게 되고 결국은 병에 걸리게 된다. 어떻게 하면 깨끗한 물을 얻을 수 있을까? 물이 오염되는 원인을 살펴보고, 물을 깨끗하게 하기 위한 방법을 생각해보자.

물이 오염되는 원인들

우리가 생활에서 버리는 하수는 대부분 하수 처리장으로 간다. 하수처리장에서는 하수에 포함된 유기물 성분을 제거하고 깨끗한 물로 정화하여 강이나 하천으로 방류하게 된다. 정화 장치가 잘 갖추어져 있으면 강이나 하천의 오염이 문제가 되지 않으나, 그렇지 못한 경우 강이나 하천의 오염은 큰 문제를 일으킬 수 있다. 생활 하수 속에 포함된 유기물은 물이나 하천의 자연 생태계에서 미생물에 의해 분해되는데, 이 과정에서 물속의 산소를 소비하게 된다. 따라서 유기물이 많으면 물속에 녹아 있는 산소가 거의 사라지게 되고, 이것은 물에서 사는 물고기 등 어패류의 호흡과 활동에도 지장을 주어 물고기들이 살 수 없게 되는 것이다.

또 가축의 분뇨에는 질소 성분이 많이 포함되어 있는데, 가축 분뇨가 포함된 축산

하천 오염으로 폐사한 물고기들

폐수가 잘 정화되지 않고 하천으로 그대로 흘러 들어가면 역시 생태계를 파괴하게 된다. 식물이 성장하는 데는 질소 성분이 필요한데, 하천에 질소 성분이 많으면 하천에서 식물들이 많이 자라게 되고, 역시 물속에 녹아 있는 산소를 소모하여 물고기가 살 수 없는 환경을 만든다. 또 강물은 흘러 바다로 간다. 질소 성분이 많이 있으면 해안 지역에서 해조류가 너무 빨리 성장하게 되는데, 이것은 가끔 적조 현상으로 연결되어 어민들에게 큰 피해를 입히기도 한다.

또 다른 예는 물이 중금속에 의해 오염되는 경우이다. 폐광에 있는 중금속 성분이 산성비에 녹아 지하수로, 그리고 하천으로 유입된다. 물속의 중금속은 분해되지 않는다. 먹이사슬에 의해 플랑크톤으로, 그 다음에는 물고기로, 그다음에는 인간에게 그대로 전달되어 축적되게 된다. 우리 몸속에 극소량의 중금속이 들어오면 우리 몸이 방어 작용을 하여 중금속과 결합하는 단백질에 의해 독성을 막을 수 있지만, 중금속의 농도가 높아지면 정상적인 대사 작용을 방해하여 병을 일으키고, 심하면 죽음에 이르게 된다.

물을 깨끗이 하려면

유기물이 많은 하수나 폐수는 대부분 미생물의 대사 작용을 이용해 처리한다. 인공적으로 만든 탱크에 유기물이 함유된 하수나 폐수를 흘려 보내고, 여기에서 미생물을 배양하면 유기물은 미생물의 성장에 사용되므로 탱크에서 나오는 유출수에 유기물의 농도가 낮아지게 된다.

이 경우 미생물의 성장을 위하여 산소를 공급해준다. 이 방법은 자연계에서 유기물이 정화되는 원리를 인공적으로 만든 탱크에서 재현하는 것이다.

현재는 폐수를 하천이나 강으로 방류하기 전에 하수 처리장에서 처리를 하고 있다. 이때 미생물들이 폐수를 깨끗한 물로 만드는 역할을 하고 있는데, 이들의 군집 덩어리를 활성 슬러지(activated sludge)라고 부른다. 하수 처리장은 현재 인간이 가지고 있는 가장 커다란 생물 공장(biofactory)일 것이다. 미생물들은 에너지를 얻기 위해 하수 처리장에서 폐수 속에 있는 당, 지방, 단백질 또는 화학 물질들을 분해하여

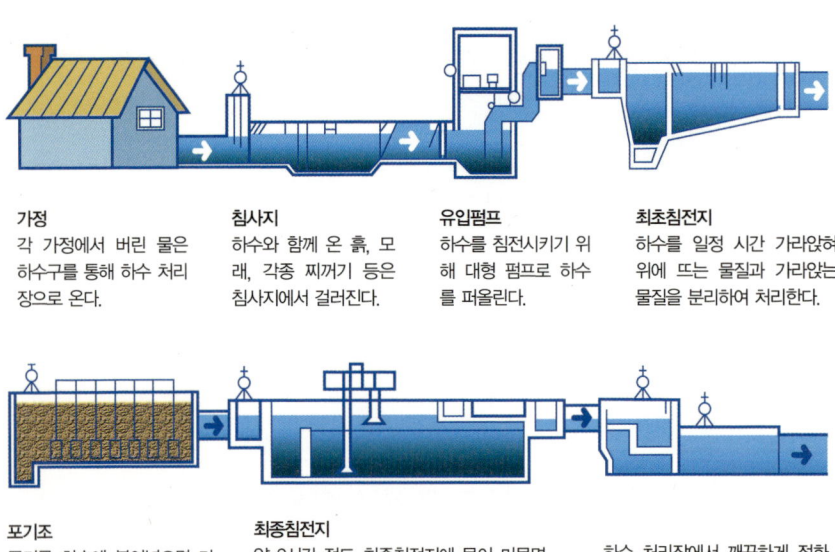

가정
각 가정에서 버린 물은 하수구를 통해 하수 처리장으로 온다.

침사지
하수와 함께 온 흙, 모래, 각종 찌꺼기 등이 침사지에서 걸러진다.

유입펌프
하수를 침전시키기 위해 대형 펌프로 하수를 퍼올린다.

최초침전지
하수를 일정 시간 가라앉혀 위에 뜨는 물질과 가라앉는 물질을 분리하여 처리한다.

포기조
공기를 하수에 불어넣으면 미생물이 성장하여 유기물을 덩어리로 만들어 가라앉힌다.

최종침전지
약 3시간 정도 최종침전지에 물이 머물면서 유기물 덩어리는 가라앉고 위에 맑은 물은 방류지로 보내진다.

하수 처리장에서 깨끗하게 정화된 물은 다시 한강으로 보내져 맑은 한강을 이룬다.

활성오니를 이용한 하수 처리

이산화탄소와 물로 전환시키고, 그 과정에서 성장하게 된다. 효율적인 물의 정화를 위해 미생물의 증식과 분해 과정이 필요한데, 이를 위하여 하수 처리장은 미생물들에게 이상적인 조건을 제공해준다. 활성 슬러지 미생물들의 효율은 매우 뛰어나서 슬러지 $1m^3$로 20배 부피의 폐수를 정화할 수 있다고 하니 미생물의 놀라운 능력에 감탄하지 않을 수 없다.

마찬가지로 질소 성분이 함유된 하수의 경우에도 인공적으로 만든 탱크에서 미생물을 배양함으로써 처리할 수 있다. 이 경우에 산소가 있는 조건에서 암모니아성 질소는 질산성 질소로 변환되고, 산소가 없는 조건에서 질산성 질소는 질소 가스로 변환되어 대기 중으로 배출된다. 따라서 미생물을 2단계로 배양함으로써 질소 성분이 있는 하수나 폐수를 깨끗하게 할 수 있다.

반면에 대부분의 중금속은 분해되지 않고 자연계에 축적될 뿐이지만, 미생물이나 곡식에 흡착되는 것으로 알려졌다. 과학자들의 연구 결과에 따르면, 미생물이나 곡식 표면에는 다당류가 많이 있는데 그중에서도 -COOH 기에 중금속이 잘 붙는다고 한다. 따라서 중금속이 함유된 폐수를 중금속 흡착 물질과 섞어주면 그 물질에 흡착되어 폐수 속에 있는 중금속의 농도가 낮아지게 된다. 이것이 중금속이 함유된 폐수의 처리 방법이다.

대량으로 중금속이 함유된 폐수를 처리하기 위해서는 어떻게 하면

> **암모니아성 질소**
> 질소의 각종 화합물 중 암모니아 또는 암모늄염으로 존재하는 질소.
>
> **질산성 질소**
> 질소의 각종 화합물 중 질산염으로 존재하는 질소.

중금속의 위험성

중금속이란 비소·안티모니·납·수은·카드뮴·크로뮴·주석·아연·바륨·비스무트·니켈·코발트·망가니즈·바나듐·셀레늄 등 주기율표 상의 아래쪽에 주로 위치하는 비중 4 이상의 무거운 금속원소를 말한다. 중금속이 환경에 배출되면 생물권을 순환하면서 먹이 연쇄를 따라 사람에까지 이동해오기 때문에 중금속에 의한 환경오염을 막으려는 노력이 필요하다. 중금속은 미량이라도 체내에 축적되면 잘 배설되지 않고 우리 몸속의 단백질에 쌓여 장기간에 걸쳐 부작용을 나타내기 때문에 매우 위험하다.

예를 들어 우리 몸 곳곳에 산소를 운반하는 헤모글로빈은 글로빈이라는 단백질에 철이 결합한 형태를 갖추고 있지만, 우리 몸속에 수은이 들어와 철 대신 글로빈에 붙으면 산소 운반 능력을 상실하게 된다. 또한 납은 신경과 근육을 마비시키고 카드뮴은 폐암을 일으킬 수 있으며 뼈를 무르게 한다. 망가니즈는 뇌와 간에 축적되어 성장 부진과 생식 능력 저하를 유발하기도 한다. 일본에서 발생한 이타이이타이 병은 카드뮴 오염에 의한 것으로 뼈의 주성분인 칼슘 대사에 장애를 가져와 뼈를 연골화시켜서 많은 사람들이 통증을 호소하다 목숨을 잃었고, 공장 폐수에 섞여 나온 메틸수은 때문에 미나마타 병이 발생하기도 했다. 국내에서도 중금속 오염 사례가 많이 보고되고 있는데, 최근 새집증후군 등에 의한 어린이들의 아토피성 피부염이 급증하고 있는 것이나 황사 현상에 의한 천식, 기관지염 환자의 증가도 중금속 오염의 심각성을 드러낸다.

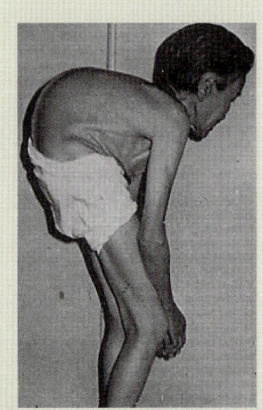

이타이이타이 병에 걸린 사람

될까? 중금속을 흡착하는 물질(중금속 흡착제)을 원통에 채워 넣고, 여기에 폐수를 통과시키면 중금속이 제거된 깨끗한 물을 얻을 수 있다.

미생물의 힘, 오염된 땅을 정화하다

오염은 강이나 호수에서만 생기는 것이 아니다. 공장이 들어서면서 공장 지대에 화학 물질에 의한 토양 오염이 생기기도 한다. 다양한 화학 소재들이 활용됨에도 불구하고 적절한 폐기는 이루어지지 않고 있다는 문제도 있다. 플라스틱 제품들이 환경에서 잘 분해되지 않는다는 것이 가장 잘 알려진 문제일 것이다. 화학 제초제나 농약이 많이 뿌려진 지역도 오염 문제가 심각해지고 있다. 또한 원유를 실은 배가 침몰하거나 하여 바다나 해변이 기름으로 오염되는 경우도 종종 발생한다.

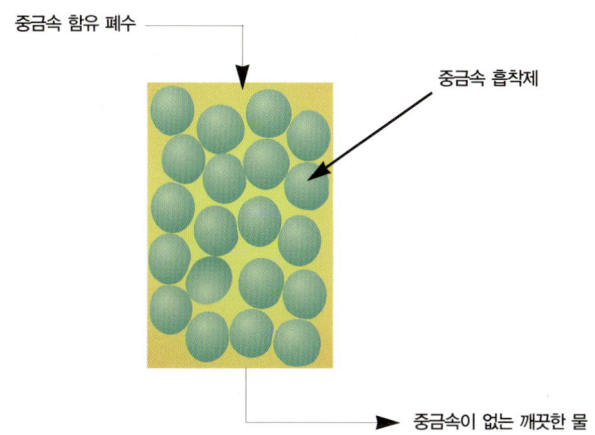

2007년 겨울 태안 지역의 기름 유출 사고도 있었지만, 현재까지 가장 커다란 사고는 1989년 엑손 발데즈 유조선의 좌초에 따른 기름 유출 사고였다. 약 올림픽수영장 125개 분량의 원유가 유출되어

원유 유출로 인해 기름을 뒤집어 쓴 바다 새

2,100킬로미터의 해안을 오염시켰고, 이로 인해 바다 새 25만 마리, 해달 300마리, 물개 300마리 그리고 범고래 22마리를 비롯해 어마어마한 수의 물고기들이 죽었다고 한다.

    미생물은 화학 물질이나 기름에 의한 오염도 깨끗하게 정화할 능력을 가지고 있다. 이러한 미생물에 의한 생물 환경 복원(Bioremediation)의 기본 개념은 하수 처리를 할 때 미생물을 이용하는 것과 마찬가지로 유해한 화학 물질들을 미생물들을 이용해 무해한 물질들로 분해하는 것이다. 이 미생물들은 화학 물질이나 기름을 자신들의 성장에 필요한 탄소원으로 이용하기 위해 분해하는데, 결국 이로부터 에너지를 얻어 성장을 할 수 있다. 이러한 미생물의 능력을 이용하는 것이 생물 환경 복원이다. 오염 물질을 분해할 수 있는 미생물을 자연으로부터 찾아내, 그 능력을 증대시키기 위해 유전공학 기술을 활용하여 돌연변이나 초강력 미생물(슈퍼버그super bug라고도 한다)

미생물을 이용해 기름을 분해한다(왼쪽은 분해되기 전, 오른쪽은 분해된 후).

을 만들어 오염 지역에 뿌려서 오염 물질을 분해하는 것이다. 예를 들어 대표적인 토양 미생물인 슈도모나스(Pseudomonas)는 플라스미드라고 하는 원형의 DNA 구조에 환경 오염 물질을 분해할 수 있는 유전자를 가지고 있다. 또한 다양한 환경 오염 물질을 분해할 수 있는 유전자들을 모아서 하나의 미생물에 넣어주면 슈퍼버그를 만들 수도 있다.

제6장
새로운 세기의 생명공학

인류의 꿈과 미래의 치료 기술

📖 생물학과 인간의 미래, 생명공학의 기술과 이용

동서양을 막론하고 옛날부터 사람들은 3가지 소망을 꿈꿔왔다고 한다. 첫 번째 소망은 천리안을 갖는 것이다. 아주 멀리 떨어진 곳에서 일어나는 일들을 볼 수 있는 능력을 갖는 것인데, 이러한 능력을 가지면 현자가 될 수 있다고 믿었다. 아랍의 설화 『천일야화』에서 망원경으로 먼 곳에 납치된 공주를 발견하여 구출해내지 않던가. 지금은 이러한 천리안을 갖는 것이 모든 사람들에게 현실로 다가온 셈이다. 컴퓨터로 인터넷에 연결하기만 하면, 지구 곳곳에서 벌어지는 일들을 실시간으로 파악할 수 있고, 심지어는 현지의 카메라를 통해 거리의 모습과 경치까지도 감상할 수 있다. 다른 말로 하면, 이제 누구나가 원하면 '천리안'으로 세계를 볼 수 있게 된 것이다.

두 번째 소망은 축지법을 쓰는 것이다. 시간을 단축하여 먼 곳을 갈 수 있다는 것은 시간과 공간의 제약을 받던 과거의 사람들에게는 정말로 매력적인 일이 아닐 수 없었을 것이다. 소설 속의 홍길동처럼 눈 깜짝할 사이에 시공을 넘나드는 모습은 사람들의 부러움을 사기에 충분했다. 지금은 전 세계가 1일 생활권에 들어 있으며, 초음속 여객기가 유럽과 북아메리카를 몇 시간 만에 왔다 갈 수 있고, 국내만 하더라도 시속 300km 이상으로 달리는 고속 열차가 전국을 1일 생활권으로 묶어놓았다. 모든 사람들이 원하면 엄청난 '축지법'으로 장거리 이동을 할 수 있게 된 것이다.

세 번째 소망은 아직 이루어지지 않았다. 그것은 모두가 꿈꿔왔고 그것을 달성하기 위해 부단한 노력을 기울였지만 현실화시키지 못한, 불로초와 만병통치약을 얻는 것이다. 『구약성서』에 나오는 므두셀라 (성서 속 인물 중 최고령을 살았다 전해지는 인물. 노아의 할아버지)와 같이 969세의 장수를 하기는 어렵겠지만, 모든 사람은 공통적으로 건강하고 행복하게 오래 살고 싶어한다. 그러나 아무리 권력과 재력이 있다고 하더라도 자신들의 건강과 수명을 지키고 연장시키지 못하며, 이러한 소망은 아직도 모든 사람들의 꿈과 소망으로 남아 있다. 천하를 호령하였고 자신이 원하는 모든 것을 취할 수 있었던 중국의 진시황제도 결국엔 안타깝게 질병의 고통과 죽음의 공포로부터 벗어나지 못한 것을 보면, 결국 이 세 번째 소망의 완전한 달성은 불가능해 보일지도 모른다.

못다 이룬 꿈에 도전하다

바이오테크놀로지는 최근 20세기 말과 21세기에 들어서면서 급속도로 발전하였다. 특히 질병 치료와 관련한 기술의 발전이 괄목할 만하여, 불로초·만병통치약은 아니더라도 건강하게 자신의 수명대로 살아갈 수 있는 가능성을 열어주고 있다고 할 수 있다. 모든 사람들이 영원히 살 수는 없겠고 그 또한 바람직한 모습은 아닐 것이다. 하지만 건강한 모습으로 자신의 수명만큼 살 수 있다는 것은 행복한 일이 아닐 수 없다. 그러면 이 같은 불로초·만병통치에 가까운 치료 기술은 여전히 요원한 것일까?

물론 여러 가지 다른 의견들이 있겠지만, 21세기의 대표적인 치료 기술이라고 하는 유전자 치료와 세포 치료 기술이 후보가 될 수 있을 것이다.

차세대의 치료 기술
— 유전자 치료와 세포 치료

사람들이 갑작스러운 사고로 장기가 손상되고 결국 사망에 이르는 경우를 제외하면, 사람의 수명을 제한하는 것은 우리가 살아가는 동안 우리 몸의 장기가 제 기능을 발휘하지 못하게 되는 데에서 원인을 찾을 수 있다. 병원균이 침투하는 경우에도 대부분 우리 몸의 면역 체계가 이를 극복할 수 있게 되어 있다. 만약 지속적으로 우리의 장기가 건강하게 활동적으로 기능을 유지한다면 노화로 인한 질병은 존재하기 어려울 것이다.

 이와 같이 장기의 기능이 정상적이지 못한 것은 장기를 구성하는 조직, 특히 장기의 기능을 가지게 하는 가장 기본적인 단위인 세포에 문제가 있는 것이다. 따라서 비정상적인 세포를 정상적인 기능의 세포로 대체하거나, 정상적인 세포에 특정 기능을 더욱 강화시켜서 체내에서 정상적으로 기능을 발휘하도록 한다면 질병을 극복할 수 있을 것이다. 이러한 배경에서 적극적으로 개발되고 있는 것이 세포 치료 기술이다. 면역에 관여하는 세포를 잘 관리하고, 특별하게 기능을 강화시키면 각종 면역 관련 질환을 치료할 수 있을 뿐만 아니라 암과 같은 질

 수지상세포(dendritic cell)

신경세포처럼 세포질이 세포 본체에서 뻗어져 나온 가지 모양을 하고 있어서 붙여진 이름이다. 존재하는 조직에 따라 다른 형태와 기능을 가지고 있으며, 피부와 점막 조직에 있는 수지상세포를 특별히 랑게르한스 세포(Langerhans cell)라고 부르기도 한다. 수지상세포는 침입자를 붙잡아 그 침입자에 대해 언제 어떻게 반응할지를 면역계에 명령을 내린다. 백신 역시 수지상세포에 의존하고 있다. 수지상세포는 백혈구의 일종으로 면역계에서 가장 잘 알려져 있지 않으면서 가장 큰 관심을 끄는 요소 중 하나로 전체 면역 반응을 개시하고 조절한다.

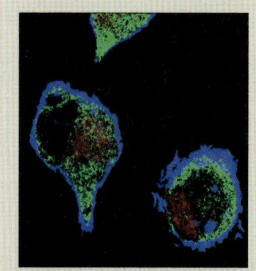
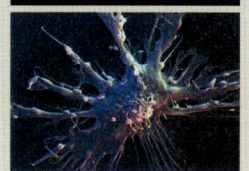

배양 중인 수지상세포

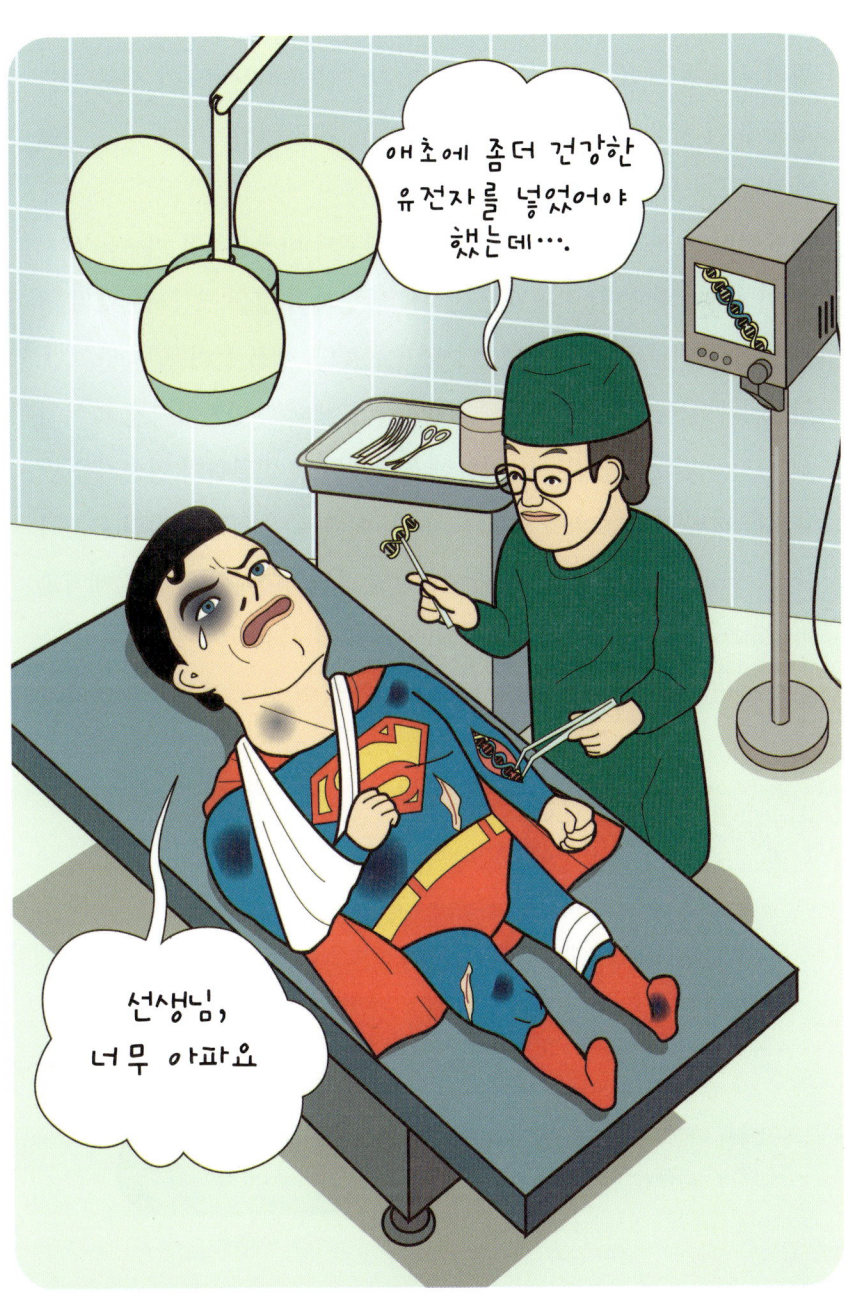

환의 치료에도 적극 활용할 수 있다. 그래서 수지상세포가 세포 치료제로 많이 활용되고 있다. 세포 치료에는 최근 관심이 집중되고 있는 줄기세포를 활용하는 기술도 포함된다.

유전자 치료는 질병의 원인이 되는 세포의 비정상적인 기능을 유전자 이상에서 찾으며, 잘못된 유전자의 발현과 조절을 정상적으로 수정하면 질병이 치료될 것이라는 데 근거를 둔다. 예를 들어, 인슐린 의존형인 제1형 당뇨병의 경우에는 인슐린이 제대로 만들어지지 않아서 생기므로, 인슐린 유전자를 적절한 목적 세포에 전달하여 인슐린을 만들도록 하면 치료 효과를 얻을 수 있다. 이와 같이 치료 목적의 유전자를 목적 세포에 전달하기 위해서는 질병 유발성이나 전염성을 제거한 바이러스 유전자에 치료 유전자를 끼워 넣어 사용한다. 또 원형의 유전자 절편인 플라스미드에 치료 유전자를 넣어 목적 세포에 전달하기

 플라스미드(plasmid)

박테리아의 세포 안에 존재하는 박테리아 크로모좀 이외의 작은 원형의 DNA 분자를 말한다. 형태는 원형이고, 이중 나선으로 되어 있으며, 박테리아 유전자와는 독립적으로 분열할 수 있는 능력을 가지고 있다. 그러한 이유로 유전자 클로닝을 위한 벡터로 많이 사용되는 것 중 하나이다. 벡터란 유전자 클로닝 시에 우리가 원하는 유전자를 숙주 세포 안으로 이동시켜 그 안에서 다량으로 복제 가능하도록 하는 일종의 운반체를 말하며, 플라스미드는 그를 위한 조건을 가지고 있다.

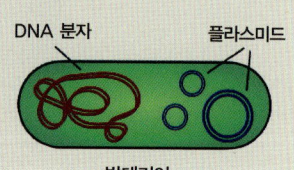

도 한다. 치료 유전자를 포함하는 플라스미드는 적절한 나노테크놀로지를 활용하는 유전자 전달 기술을 통해 목적 세포에 전달되고, 세포 내에서 유전자가 발현되어 치료 효과를 내는 단백질을 만듦으로써 정상적인 조직 또는 장기의 기능을 나타내도록 해준다.

최근에는 각 개인의 유전자를 완벽하게 분석하여 질병 가능성이 있는 유전자의 유무를 확인하고, 이에 따라서 환자 맞춤형의 질병 예방과 치료를 가능하게 하는 연구가 활발하게 진행되고 있다. 그러나 이렇게 환자 맞춤형 치료가 진행되더라도, 궁극적으로 질병을 치료하기 위해서는 전통적인 약물 요법이나 앞에서 언급한 세포 치료, 유전자 치료가 적용되어야 한다. 불로초나 만병통치라는 인간의 소망은 완벽하게 구현되기 어려울지도 모른다. 하지만 이 같은 새로운 치료 기술에 의해 건강하게 오래 살고 싶은 인간의 평범한 소망이 좀 더 구체적으로 실현되고 있다는 것은 반가운 일이다. 이런 추세라면 앞으로 십여 년 내에 세포 치료, 유전자 치료 기술의 실용화가 달성되었다는 뉴스를 접할 수 있을 것이다.

바이오칩의 세계

📖 생명의 연속성, 생명과학과 인간의 생활

세포는 생체 분자들로 이루어져 있으며, 많은 생체 분자들은 서로 상호 작용을 통해 기능을 발휘한다. 그런데 각각의 생체 분자들은 아무하고나 만나 상호 작용을 하지는 않는다. 꼭 맞는 파트너가 서로 정해져 있다. 이럴 때 생체 분자의 상호 작용을 매우 특이적이라고 말한다. 이러한 생체 분자들의 특이적 상호 작용을 찾아내어 과학 기술 연구, 신약 개발, 임상 진단 등 다양한 분야에 활용할 수 있는 첨단 기술이 바로 바이오칩(biochip) 기술이다.

세포 들여다보기

생명체의 가장 작은 (기본) 단위는 세포(cell)이다. 세포들이 모여서 동물이 되고 식물도 된다. 세포 하나가 생명체인 경우도 있다. 박테리아나 효모 등이 그것이다. 이렇게 가장 작은 생명체의 단위가 되는 세포는 단순해 보이지만 그 안을 들여다보면 그 복잡함에 모두들 놀라게 된다. 세포는 크게 원핵세포(prokaryote)와 진핵세포(eukaryote)로 나뉘는데, 여러 가지 구분되는 특징이 있지만 가장 커다란 차이는 핵막의 존재 여부이다. 염색체가 핵막에 싸여 핵을 구성하는 진핵세포는 이외에도 여러 세포 내 기관들이 존재한다. 이에 비해 원핵세포는 핵막이 없이 염색체가 세포질에 퍼져 있는 단순한 형태를 가진다.

생명체를 구성하는 기본 단위인 세포는 무수한 생체 분자들로 이루

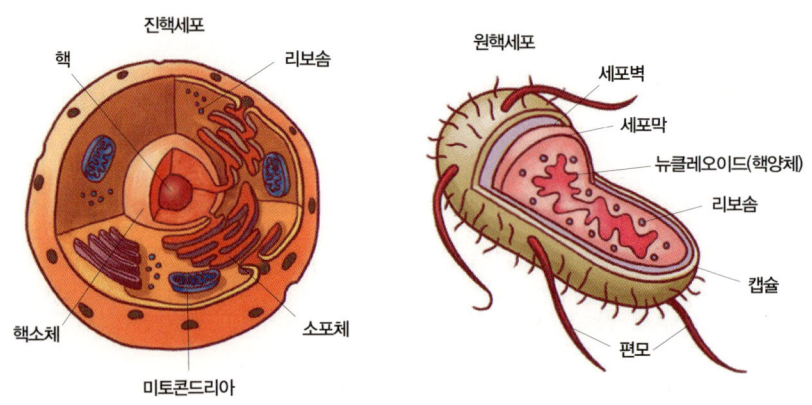

생명체의 기본 단위, 세포

어져 있다. 생체 분자들은 크게 단백질, 탄수화물, 핵산, 지질로 나눌 수 있는데, 각 생체 분자들은 생체 내에서 각자의 중요한 임무를 가진다. 기본적으로 핵산은 유전 정보를 보관하고, 탄수화물은 에너지원의 역할을 한다. 가장 많은 생체 분자는 단백질로 그 역할이 너무 많아 이루 헤아리기도 힘들다. 성분들이 복합적으로 이루어진 생체 분자들도 있는데, 예를 들어 당단백질은 단백질에 탄수화물이 붙어 있는 것이고, 당지질은 지질에 탄수화물이 붙어 있는 물질이다. 이렇게 복합적인 생체 분자들은 세포를 유지하는 구성 물질도 되고 세포 기관도 만들며 에너지원도 되고 세포 사이의 의사소통에도 사용된다.

생체 분자는 혼자 노는 것을 좋아하지 않는다

생체 분자들은 세포 내에서 매우 다양한 역할을 한다. 혼자서 기능을 하는 경우도 있지만, 대개 다른 생체 분자들과 상호 작용을 통해 세포 내에서 제대로 된 기능을 한다. 즉 단백질-단백질, 단백질-지질, DNA-DNA, DNA-RNA, 단백질-탄수화물과 같은 다양한 형태의 상호 작용이 존재한다. 일반적으로 생체 분자들의 상호 작용은 매우 특이적이다. 이는 정해진 파트너 사이에서만 서로 반응을 한다는 것을 의미한다. 그러므로 이러한 생체 분자들 사이의 상호 작용을 이해하는 것은 생체를 이해하고 활용하는 데 매우 중요하다. 이에 다양한 기법들과 기기들을 이용해 상호 작용 기작을 밝히거나 그 힘을 측정하고자 하는 연구들이 활발하게 이루어지고 있다. 이러한 상호 작용의 원리를 이용하면 진단 또는 검출과 같은 분야에도 활용이 가능하다. 즉, 어떤 생체 분자를 이용하면 상호 작용을 하는 특이적인 파트너를 시료로부터 찾아낼 수 있는 것이다.

생체 분자들을 작은 표면에 올려놓기

바이오칩(biochip)이라는 새로운 기술이 나온 것은 비교적 최근이라고 할 수 있다. 바이오칩은 유리나 실리콘과 같은 재질로 된 작은 기판 표면 위에 생체 분자들을 올려놓고 결합시켜 생체 분자들의 상호

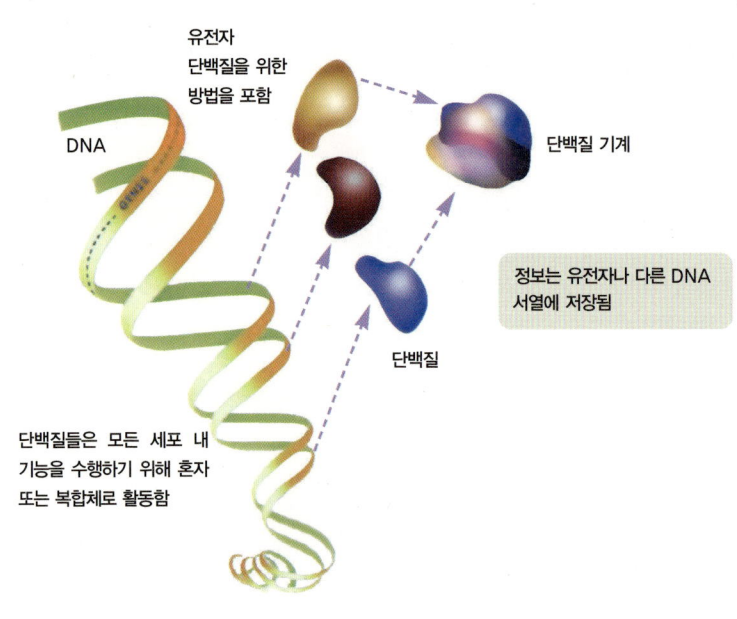

단백질 생체 분자들의 상호작용

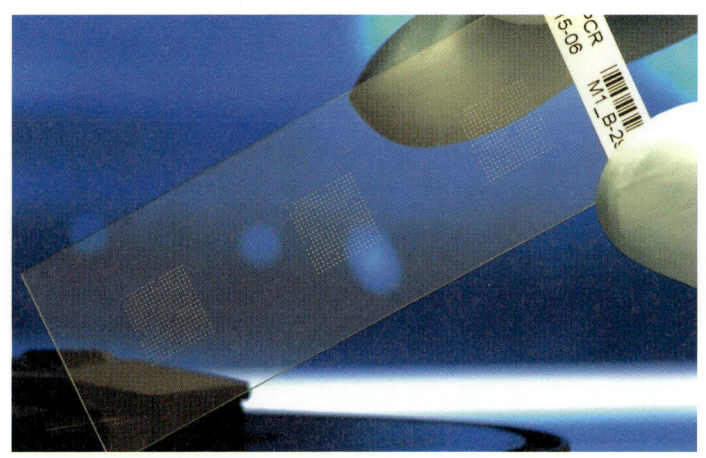

바이오칩으로 증상이 발현되기 전에 암을 진단할 수 있다.

작용을 분석해내는 기술이다. 일반적으로 생체 분자들을 일정 간격으로 배열하여 어레이(array)로 만드는데, 그 크기가 매우 작아 특별히 마이크로어레이(microarray)라고도 부른다. 사용하는 생체 분자가 DNA인 경우 DNA 칩(DNA chip), 단백질이면 단백질 칩(protein chip), 단백질 중에 특별히 항체인 경우 항체 칩(antibody chip), 탄수화물의 경우는 탄수화물 칩(carbohydrate chip) 또는 당 칩(glycan chip)이라고 한다. 원리는 앞서 말한 대로 생체 분자들의 특이적인 상호 작용을 이용하는 것이다. 즉, 다른 생체 분자와 결합할 수 있는 특이적 생체 분자 프로브(probe)를 기판 표면에서 화학적으로 결합시켜 칩을 만든 후에 시료를 넣으면 이 안에 있는 대상 생체 분자가 표면에 붙어 있는 생체 분자 파트너와 특이적으로 결합하게 되고, 우리는 그 결합을 형광이나 전기 신호 등을 이용해 검출하는 것이다.

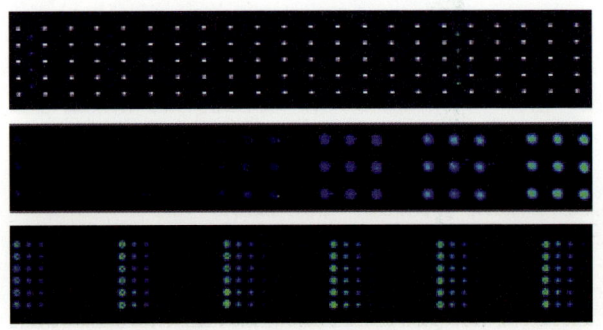

다양한 바이오칩 : 위부터 DNA 칩, 단백질 칩, 탄수화물 칩

바이오칩의 이용

바이오칩 기술은 과학 기술 연구, 신약 개발 프로세스 및 임상 진단 등 다양한 분야에 활용할 수 있다. 특히 진단이나 검출 분야에서는 가히 혁명적인 기술로 인식되고 있다. DNA 칩을 이용하면 정상인 사람과 환자의 유전자 발현 양상을 비교함으로써 유전병이나 암을 미리 진단할 수 있다. 암과 같은 질병이 생기면 세포의 유전자 발현 양상이 정상적인 세포와 달라지기 때문이다. 또한 유전자에 문제가 생기는 경우 단 하나의 염기서열이라도 DNA 칩은 분별할 수 있다. 이미 암, 후천성면역결핍증(AIDS) 등과 관련한 유전자 돌연변이를 검출하여 진단할 수 있는 바이오칩이 개발되었으며, 우리나라도 자궁경부암 유발 바이러스 진단 및 알레르기 진단용 바이오칩이 한국식품의약품안전청(KFDA)에서 허가를 받았다. 또한 DNA 칩은 식품 및 환경에 존재하

는 병원균을 신속하게 검출할 수 있는 기술로도 각광 받고 있다. 병원균은 언제든 생화학 무기로 테러 및 전쟁에 이용될 수 있으므로 이러한 병원균을 효율적으로 검출하는 분석 기술은 매우 중요하다.

DNA 정보만으로는 생체의 복잡성을 설명할 수 없게 되면서 생체 내 가장 중요한 기능을 매개하는 다양한 단백질들 간의 상호 작용에 대한 연구들이 많이 이루어졌고, 또 많은 정보들이 축적되어왔다. 단백질칩은 이러한 단백질 생체 분자들 사이의 상호 작용을 모니터링함으로써 직접 생체 기능에 대한 정보를 얻게 해준다. 특히 가장 일반적인 항원-항체 반응을 검출할 수 있는 단백질 칩(항체 칩)을 이용하면 시료에서 대상 항원을 검출해낼 수 있는데, 이를 통해 암, 에이즈와 같은 질병을 직접 진단할 수 있다. 최근에는 탄수화물의 생체 기능에 대해 더 잘 알게 되면서 탄수화물 기반의 바이오칩을 진단에 활용하려는 연구들도 진행되고 있다.

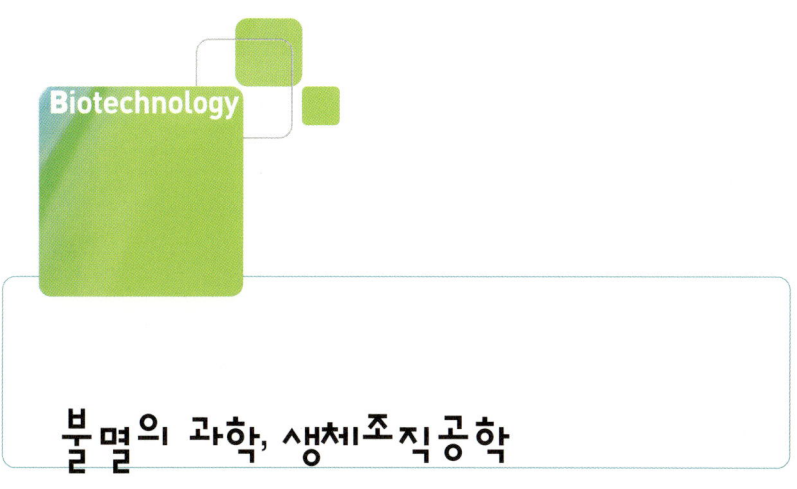

불멸의 과학, 생체조직공학

생명과학과 인간의 생활, 생명의 연속성

　수명이 정해져 있는 인간은 오래 살고 싶은, 더 나아가 죽지 않고 살고 싶은 욕망을 가지고 있다. 이러한 욕망은 의약 및 의술의 발전을 가져왔고, 인류의 수명은 현재 계속적으로 증가하고 있다. 그러나 의약과 의술로는 인간의 수명을 늘리는 데 어느 정도 한계가 있다. 이러한 배경에서 더 능동적으로 불멸을 추구하는 생체조직공학이라는 학문의 태동과 발전이 이루어지게 되었다.

오래 살고 싶은 인간의 꿈

중국을 통일한 진시황은 불멸을 꿈꾸며 죽지 않고 살 수 있는 불로장생의 명약을 찾으려고 온갖 노력을 하였다. 특히 역사적으로 확인된 사실인지는 모르겠지만, 우리나라까지 사신을 보내 불로초를 찾으려고 하였다는 이야기가 전해진다. 세계 불가사의 중 하나인 만리장성을 쌓는 등 진시황의 위엄은 당시 엄청난 것이었음에도 그 또한 오래 살고 싶은 욕망을 가진 한 인간에 불과했던 것이다. 그렇게 불멸을 꿈꾸던 진시황은 50세의 나이에 죽었다(물론 평균수명이 매우 짧은 당시로서는 50세도 장수한 것이었을 수 있다). 원인을 제공한 것은 진시황이 그토록 찾으려고 했던 불로장생약인 '수은'이었다. 당시 수은은 아주 귀해서 금이나 은 같은 귀금속처럼 대접 받았는데, 소량을 섭취할 경우 일시적

불멸을 꿈꾼 진시황과 무덤을 지키는 병사들

으로 피부가 팽팽해지는 효과가 있자 수은을 불로장생약으로 믿었던 것이다. 그러다 진시황은 결국 수은 중독으로 코가 썩고 정신병도 생겨서 폭정을 일삼다가 부하들에게 살해당했다.

인간에게 불멸을 가져다줄 수 있는 약은 없다. 그러나 나이를 먹지 않고 오래 살고 싶은 인간의 욕망은 새로운 기술의 발전을 가져왔다. 바로 생체조직공학이다.

헌 장기를 새 장기로 바꾸기

세포도 나이를 먹는다. 그러므로 세포들로 구성되어 있는 생체 내 장기나 기관들도 나이가 들면 그 기능이 떨어지게 된다. 오래된 장기를 싱싱한 장기로 바꿀 수 있다면, 인간이 꿈꾸듯이 오래 사는 것이 가능해질지도 모른다. 사실 장기이식은 실제로도 많이 행해지는 수술이다. 수술 자체는 거의 성공적이라고 하지만, 일반적으로 면역거부반응(immune rejection) 때문에 장기이식 수술 후에 사망하는 일이 종종 생긴다. 생체는 자기의 것(self)과 내 것이 아님(nonself)을 구별해낼 수 있는 뛰어난 능력이 있는데, 바로 항체(antibody)가 하는 일이 그것이다. 그래서 자기 몸에 들어온 다른 사람의 장기가 자기 것이 아니라는 것을 인식하여 항체가 너무 많이 만들어지면 면역 충격(immune shock)이 생겨 사망하게 된다. 그러나 무엇보다 장기이식에서 가장 큰 문제는 장기를 확보하는 일일 것이다. 장기는 사망자가 기증하는 경우에만 얻을 수 있기 때문에 장기 밀매와 같은 범죄의 도구가 되기도 한다. 따라서 다른 동물의 장기(이종異種 장기)를 활용하는 연구가 진행되고 있지만, 역시 면역 거부 반응이 큰 문제로 남아 있다.

그렇다면 가장 좋은 해결책은 무엇일까? 자기 자신의 장기를 이용하는 것일 것이다. 이는 면역 거부의 문제도 없다. 그러나 내 몸의 장기는 일반적으로 하나인데 어떻게 장기를 이용하자는 것일까? 이러한 배경에서 시작된 연구 분야가 생체조직공학이다. 생체조직공학은 생체 조직의 구조와 기능의 상관관계에 대한 이해를 바탕으로 생체 조직의 대용품을 만들어 몸 안에 이식함으로써 우리 몸의 기능을 유지, 향상 또는 복원하는 것을 목적으로 하는 과학과 공학의 융합 응용 학문이다. 우리 몸에서 세포를 분리해내고(이때 세포는 주로 어떠한 조직의 세포로도 분화가 가능한 줄기세포를 이용한다), 이를 배양기에서 키운 후에 합성 고분자나 생체 물질로 이루어진 지지체에 올린 인공 생체 조직

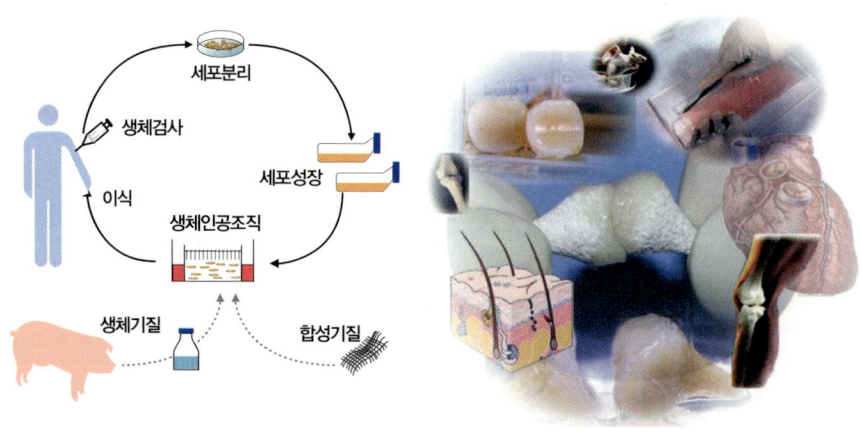

생체조직공학

쥐의 등에서 자라난 인간의 귀

(bioartificial tissue)을 만들어 우리 몸 안에 이식함으로써 기존의 기관 또는 조직을 대체시키는 기술로 여러 가지 생체 내 장기 및 경골, 연골, 귀, 코 등이 생체조직공학의 주요 연구 대상이다.

이러한 생체조직공학을 연구하기 위해서는 다양한 학문적 지식을 가진 연구자들이 힘을 합쳐야 한다. 세포의 기능을 연구하는 과학자, 세포를 대량으로 배양하는 기술을 지닌 공학자, 지지체 소재를 개발하고 제작하는 공학자, 지지체에 붙은 세포를 잘 배양하고 분화시킬 수 있는 기술을 가진 과학자 그리고 이식 수술을 할 수 있는 의사 등이 끊임없이 정보를 교환하고 함께 연구해야 한다. 생체조직공학은 다른 연구 분야에 비해 비교적 개념이 정립된 지 얼마 되지 않았지만 그 잠재력은 무한하여 미래의 생명공학 및 의학 분야를 선도해 나갈 중요한 신기술의 하나로 주목 받고 있다.

영화 〈아일랜드〉에는 첨단의 미래 기술들이 나온다. 언뜻 보면 단순히 클로닝(cloning)이라는 복제 기술에 대한 얘기인 듯싶지만, 실제 사람을 복제하는 이유가 생체 장기를 얻기 위함이라는 섬뜩한 내용을 담고 있다. 수요자의 장기에 문제가 일어나 새로운 장기가 필요한 사람들은 거액을 지불하고 자기 자신을 복제하게 한다. 이 복제 인간을 밀폐된 공간에서 살게 하다가 수요자에게 장기가 필요하게 되었을 때 희생시킴으로써 새 장기를 공급하는 것이다. 이로써 다른 사람의 장기 또는 이종의 장기로 인해 생기는 면역 거부 문제를 완벽하게 해결한다.

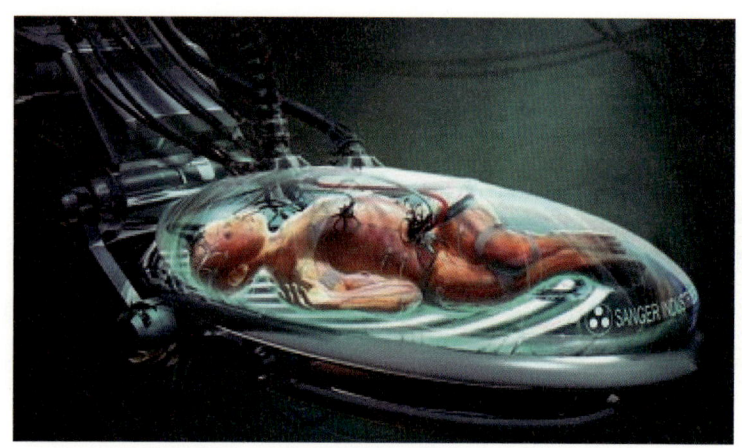

영화 〈아일랜드〉의 한 장면. 장기이식을 목적으로 생명체를 복제한다는 비윤리적 문제를 담고 있다.

아무리 가상이라 해도, 어째서 이런 일이 일어난 것일까? 그것은 줄기세포를 이용해 장기 구조체를 만들 수 있다 하더라도 생체 안이 아닌 실험실 환경에서 제대로 된 장기로 배양하는 데 실패했기 때문이라고 영화는 설명한다. 실제로도 이러한 장기 구조체의 실험실 배양에는 기술적 제한이 존재한다. 생체조직공학의 최종 목표는 실험실 환경에서 장기를 생체 내에서와 같은 환경을 만들어 배양하는 것이다. 영화 〈아일랜드〉와 같은 참담한 미래가 실제로 일어나지 않도록 하는 것이야말로 생체조직공학자의 의무일 것이다.

JUMP IN LIFE 08 우주에서 살아남는 방법

📖 생명 현상의 특성, 세포의 특성과 물질대사

미 항공우주국(NASA)에서는 첨단생명유지팀(ALS Team, Advanced Life Support Team)을 운영하고 있다. 인간이 지구를 떠나 화성이나 우주로 여행하게 될 때를 대비해 생명공학자, 생물학자, 식물학자, 생태학자 등은 물론 기계공학자, 화학공학자, 전기공학자, 광학 전문가, 구조 전문가 등 다양한 전공을 가진 연구원들이 모여 함께 연구하는 곳이다.

1kg을 지구 궤도에 올리는 데 드는 비용은?

많은 나라들이 국력 과시를 위해 우주 탐사를 경쟁적으로 시도하면서 본래의 과학적 의미는 다소 퇴색한 느낌이다. 하지만 우주 탐사는 생명체의 진화에 대한 결정적 증거를 확보하고, 인류의 미래에 장기적으로 대처하는 방안을 마련하고, 또 무엇보다 그 과정에서 개발된

우주왕복선 디스커버리 호의 발사와 국제우주정거장

새로운 세기의 생명공학

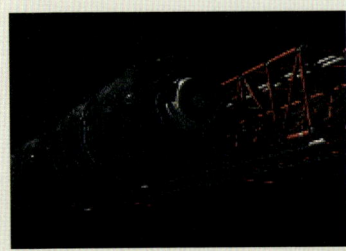 

NASA의 화성왕복선과 화성 기지 상상도

많은 이론과 산물들이 실생활에도 도움을 줄 수 있다는 점에서 반드시 필요한 연구이다.

현재는 주로 지구 대기권의 우주정거장(space station)까지만 갔다 오거나 1~2주 정도 소요되는 달 탐사 수준이라 우주비행사가 필요한 모든 식량과 물 등을 싣고 왕복할 수 있다. 그러나 영화에서 보는 것처럼 은하계 진출은 고사하고 화성 탐사를 하려고 해도 현재의 기술로는 왕복에 2~3년 정도는 걸린다. 국제우주정거장까지 우주왕복선을 발사하는 데 들어가는 돈이 한 번에 약 3,600억 원이 넘는데 이를 우주왕복선 자체의 무게(약 29톤)를 빼고 실어 보낼 수 있는 적재량(약 6톤)으로 나누면 1kg을 지구 궤도에 올리는 데만 무려 6,000만 달러(약 500억 원)가 들어간다는 계산이 나온다. 따라서 무게를 줄이는 것은 장기간의 우주 임무를 수행하는 데 꼭 필요하다. 때문에 필요한 물과 음식 등을 다 싣고 갈 수 없고, 식량과 물과 공기를 자체적으로 해결하지 않으면 불가능하다는 결론에 도달하게 되는데, 이를 위해 NASA에 만들어진 팀이 첨단생명유지팀이다.

인간이 생존하는 데 필요한 요건

인간이 하루 생존하는 데 필요한 최소 요건은 다음과 같다. 산소 소모 860g, 이산화탄소 발생 1,140g, 물 흡수 3,630g, 음식(건조중량) 640g 등이다. 여기에 빨래나 샤워 등에 사용하는 물은 별도로 필요하게 된다.

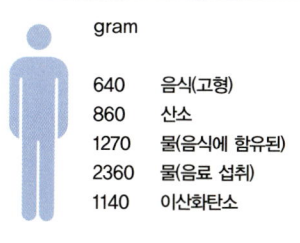

인간이 하루 생존하는 데 필요한 양

NASA 첨단생명유지팀은 다음과 같은 전략으로 이 문제를 해결하고자 한다. 즉, 사람에게 필요한 단백질, 지방, 탄수화물 등을 골고루 섭취하기 위해 생물량(바이오매스, biomass)을 생산하고, 그 과정에서 광합성에 의해 사람이 호흡할 수 있는 대기를 재생하고 폐수 처리를 한다는 것이다. 그러기 위해서는 식물이 분해하지 못하고 사람이 소화시키지 못하는 바이오매스의 일부분(주로 잎, 줄기, 뿌리 부분)을 혐기성 소화에 의해 처리하는 미생물 공정이 필수적으로 들어가야 한다. 따라서 전체 공정의 흐름은 다음과 같다. 첨단생명유지팀의 과학자들은 듣는 사람에게 거슬리지 않기 위해 (그리고 토론 시 좀 더 과학적으로 들리게 하기 위해) 사람의 대소변은 각각 검은 물(black water)과 노란 물(yellow water)로 표현하고, 빨래나 세수로 생긴 세제가 섞인 물은 회

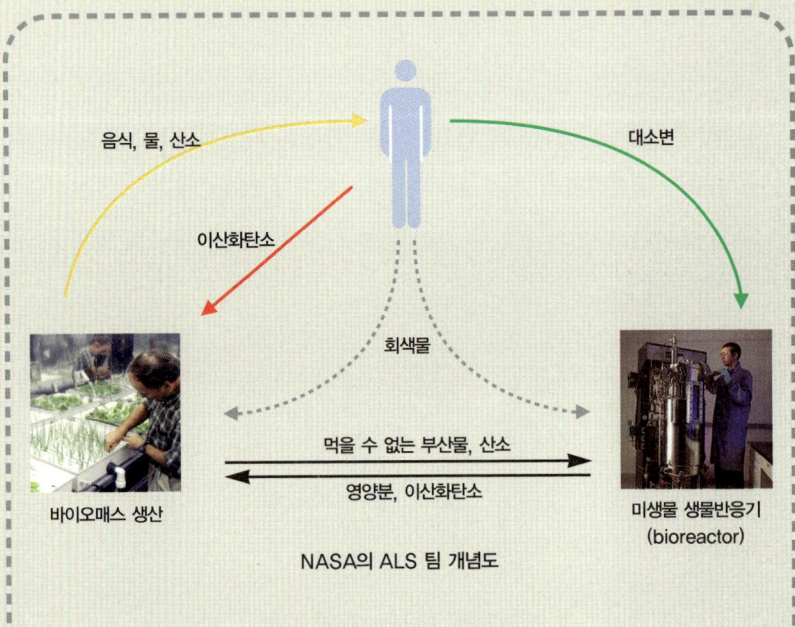

NASA의 ALS 팀 개념도

색 물(gray water)로 부른다.

폐쇄 생태계 생명 유지 장치

이러한 개념이 미국에서 처음 시작된 것은 아니다. 우주 개발 경쟁이 본격화되었던 1950~1960년대에 옛 소련의 과학자들이 완전히 밀폐된 공간에서 사람이 자급자족할 수 있는 시스템을 개발하고자 하면서 CELSS[Closed(또는 Controlled) Ecological Life Support System], '폐쇄 생태계 생명 유지 시스템'이라는 이름을 붙였다. 그리고 그 결과 시베리아의 BIOS-3, 애리조나의 바이오스피어(Biosphere) 2 등이 건설되었다. 폐쇄 생태계 생명 유지 시스템의 가장 대표적인 구조물인 '바이오스피어 2'는 1991년에 완공되었다. 거기서는 외부와 완전히

미국 애리조나 주의 오라클에 있는 '바이오스피어 2'

차단된 12,700m²의 공간에 열대우림, 바다, 습지, 초원, 사막, 농경지 등 지구의 축소판을 만들고 태양 전지를 포함한 다양한 에너지를 이용하여 폐쇄된 구조물 안에서 사람이 자급자족할 수 있는지 연구하고 있다.

첨단 생명 유지 장치

하지만 이런 시스템은 화성과 같이 우주에 정착하게 되었을 경우에나 사용이 가능한, 마치 공상과학영화에 나오는 우주 도시와 같은 거대한 시스템이라 할 수 있다. 따라서 이와는 별도로 비교적 짧은 기간 동안 우주선에서 사용할 수 있는 시스템도 개발되어야 하는데, BPC(Biomass Production Chamber, 생물량 생산실) 연구가 그 예이다.

BPC는 113m³의 작은 공간에 그림과 같이 2단 재배가 가능하도록 2층으로 구성되어 다양한 식물을 키울 수 있는 장치다. 흙이 없이 무중력 상태에서도 키울 수 있는 특수한 필름을 사용한 수경재배법으로 사람에게 가장 중요한 3가지 에너지원인 탄수화물, 단백질, 지방을 골고루 섭취할 수 있도록 밀, 콩, 땅콩, 토마토, 고구마, 상추 등 다양한 작물을 키우도록 설계되었다. 또 앞서 설명했듯이, 미생물 혐기 소화가 된 폐수를 이용하면서 이산화탄소를 공기로 바꿔주는 대기 재생과, 증산 작용에 의한 음용수의 생산까지 담당하게 된다. BPC의 공간적 제약으로 인해 밀은 다 자라도 키가 60cm 정도밖에 되지 않는 특수한 종(슈퍼난쟁이 종)을 재배한다. 또한 에너지를 줄이기 위해 오래전부터 다양한 파장을 갖는 LED(Light-Emitting Diode, 발광다이오드)들의 조합을 이용한 연구도 함께 이루어지고 있다.

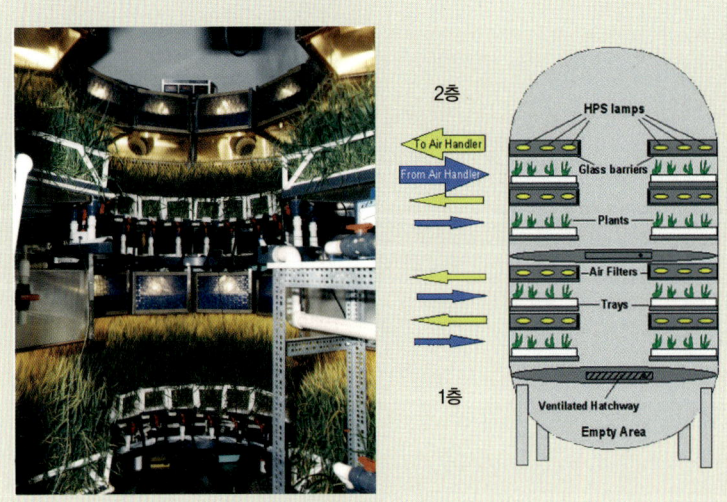

NASA의 케네디우주센터에 있는 BPC

 NASA의 발명품

최근에 영국의 《더 선(The Sun)》은 NASA가 개발한 중요한 발명품 30가지를 선정하였다. NASA가 개발한 후 일상생활에 사용되는 발명품들은 셀 수 없이 많다. 일부만 보더라도 첨단 과학 및 공학의 연구가 실생활에 얼마나 많은 영향을 주는지 쉽사리 알 수 있을 것이다.

1. 위성 TV : 최근의 휴대전화 및 위성전화도 같은 발명품이다.
2. 내비게이션(satellite navigation) : GPS를 이용한 위치 확인이 응용되는 모든 기기.
3. 구글어스(google earth) : 역시 위성이 발명되어 가능한 산물이다.
4. 가상현실(virtual reality) : 조종사의 연습을 위해 개발됨. 지구에서도 우주를 느낄 수 있다.
5. 인공 의수(artificial limbs) : 우주에서 사용하려 개발된 로봇의 산물.
6. 반투과막(dialysis) : 인공 신장 등의 재료로 사용된다.
7. 자기공명영상(MRI)과 단층촬영(CAT) : 컴퓨터 영상의 개발로 가능해진 진단 장치들.
8. 유방암 검사 : 순환종양세포를 잡아내는 실리콘 칩의 개발.
9. 피부초음파 : 초음파를 이용한 화상 부위 식별.
10. 귀 체온계(ear thermometer) : 고막의 에너지를 측정하고자 개발된 적외선 기기.
11. 레이디얼 타이어(radial tyres) : 화성탐사선을 위해 더 강한 타이어를 개발함.
12. 지뢰 제거기(landmine removal) : 남은 로켓 연료를 이용해 구멍 속의 폭발물을 태움.
13. 정수필터(water filters) : 극한 상황에서 식수를 확보하기 위해 개발.
14. 동결 건조 식품 : 식품의 무게를 줄이고 오래 보관하기 위해 개발.
15. 충격흡수제(temper foam) : 우주선의 보호를 위해서 개발됨. 베개, 장난감에도 사용됨.
16. 흠집방지 렌즈 : 좀 더 선명한 영상을 위해 개발.

17. 첨단 수영복(ribbed swimsuits) : 우주에서 저항을 줄이는 소재를 개발함.
18. 공기 역학적 골프공 : 500개의 작은 홈이 비거리와 정확도를 향상시킴.
19. 에어쿠션 운동화 : 달 착륙 우주인을 위한 중창(midsole) 등 개발.
20. 휴대용 비상경보장치 : 펜 크기만 한 소형 초음파 전송기.
21. 무중력 펜(space pens) : 압축 가스 충전으로 거꾸로 된 상태에서도 사용 가능.
22. 무선 전동공구(cordless power tools) : 아폴로 우주선에서 달 표면 시료를 얻기 위해 개발.
23. 무선 진공청소기 : 마찬가지로 시료 채취를 위해 개발.
24. 내화벽돌(ceramics) : 우주왕복선의 대기권 진입 시 열에서 보호하기 위해 개발.
25. 인공심장(artificial heart) : 우주선의 연료 펌프로 개발된 것이 응용됨.
26. 연료전지(fuel cell) : 건전지 및 태양 전지의 크기 및 무게를 줄이기 위해 개발.
27. 자외선 차단제 : 우주인의 눈을 자외선에서 보호하기 위해 개발.
28. 형상기억합금(shape memory alloy) : 최적 통신을 위한 안테나 재료로 개발.
29. 발열기능성섬유(phase change materials) : 우주인과 기기 보호를 위한 방한 재료.
30. 수경재배법(hydroponics) : 우주에서 식물의 생장을 위해 개발.